中国编辑学会组编

中国科技之路

核工业卷

中宣部主题出版
重点出版物

大国重器

本卷主编 罗 琦
执行主编 李 涛

中国原子能出版社
北 京

图书在版编目（CIP）数据

中国科技之路．核工业卷．大国重器 / 罗琦主编．
—北京：中国原子能出版社，2021.5
ISBN 978-7-5221-1393-7

Ⅰ.①中… Ⅱ.①罗… Ⅲ.①技术史—中国—现代
②核技术—技术史—中国—现代 Ⅳ.① N092 ② TL-092

中国版本图书馆 CIP 数据核字（2021）第 094714 号

内 容 提 要

本书综述了核工业 60 多年来的发展历程，并以亮点呈现的方式记述了我国核工业的艰苦创业阶段和在新时代取得的重大成果，讲述了科学家的故事，从中展现科学家精神、核工业精神；是一部深入挖掘中国核工业这一精神文明“富矿”，反映中国核工业创业者勇担历史使命的报国情怀的科普读物。本书作为《中国科技之路》丛书中的一册，对于进一步继承和弘扬革命精神，传承红色基因，构筑中国精神、中国价值、中国力量，坚定“四个自信”，具有重要意义。

中国科技之路 核工业卷 大国重器

ZHONGGUO KEJI ZHILU HEGONGYE JUAN DAGUO ZHONGQI

◆ 组　　编　中国编辑学会
责任编辑　王　朋　王　青　刘　岩　王　丹
责任印制　潘玉玲　赵　明
◆ 中国原子能出版社发行　北京市海淀区阜成路 43 号（100048）
印　　刷　北京盛通印刷股份有限公司
◆ 开　　本　720×1000　1/16
印　　张　15.75
字　　数　196 千字
版　　次　2021 年 5 月第 1 版　2021 年 5 月北京第 1 次印刷
定　　价　100.00 元
书　　号　ISBN 978-7-5221-1393-7

《中国科技之路》编委会

《中国科技之路》出版工作委员会

主　任：郭德征

副主任：李　锋　胡昌支　张立科

成　员：（按姓氏笔画排序）

马爱梅　王　威　朱琳君　刘俊来　李　锋　张立科
郑淮兵　胡昌支　郭德征　颜景辰

审读专家：（按姓氏笔画排序）

马爱梅　王　威　田小川　邢海鹰　刘俊来　许　慧
李　锋　张立科　周　谊　郑淮兵　胡昌支　郭德征
颜　实　颜景辰

核工业卷编委会

主　　编：罗　琦

执行主编：李　涛

副 主 编：宋翔宇

编　　委：（按姓氏笔画排序）

王　丹　王　青　王　朋　刘　岩　李　涛

宋翔宇　罗　琦

做好科学普及，是科学家的责任和使命

中国科技事业在党的领导下，走出了一条中国特色科技创新之路。从革命时期高度重视知识分子工作，到新中国成立后吹响“向科学进军”的号角，到改革开放提出“科学技术是第一生产力”的论断；从进入新世纪深入实施知识创新工程、科教兴国战略、人才强国战略，不断完善国家创新体系、建设创新型国家，到党的十八大后提出创新是第一动力、全面实施创新驱动发展战略、建设世界科技强国，科技事业在党和人民事业中始终具有十分重要的战略地位、发挥了十分重要的战略作用。党的十九大以来，党中央全面分析国际科技创新竞争态势，深入研判国内外发展形势，针对我国科技事业面临的突出问题和挑战，坚持把科技创新摆在国家发展全局的核心位置，全面谋划科技创新工作。通过全社会共同努力，重大创新成果竞相涌现，一些前沿领域开始进入并跑、领跑阶段，科技实力正在从量的积累迈向质的飞跃，从点的突破迈向系统能力提升。

科技兴则民族兴，科技强则国家强。2016 年 5 月 30 日，习近平总书记在“科技三会”上指出：“科技创新、科学普及是实现创新发展的两翼，要把科学普及放在与科技创新同等重要的位置”，希望广大科技工作者以提高全民科学素质为己任，“在全社会推动形成讲科学、爱科学、学科学、用科学的良好氛围，使蕴藏在亿万人民中间的创新智慧充分释放、创新力量充分涌流”。站在“两个一百年”奋斗目标历史交汇点上，我国正处于加快实现科技自立自强、建设世界科技强国的伟大征程中。在新的发展阶段，做好科学普及、提升公民科学素质、厚植科学文化，既是建设世界科技强国的迫切需要，也是中国科学家义不容辞的社会责任和历史使命。

为此，中国编辑学会组织 15 家中央级科技出版单位共同策划，邀请各领域院士和专家联合创作了《中国科技之路》科普图书。这套书以习近平新时代中国特色社会主义思想为指导，以反映新中国科技发展成就为重点，以文、图、音频、视频相结合的直观呈现形式为载体，旨在激励全国人民为努力实现中华民族伟大复兴的中国梦而奋斗。《中国科技之路》于 2020 年列入中宣部主题出版重点出版物选题，分为总览卷、信息卷、交通卷、建筑卷、卫生卷、中医药卷、核工业卷、航天卷、航空卷、石油卷、海洋卷、水利卷、电力卷、农业卷、林草卷共 15 卷，相关领域的两院院士担任主编，内容兼具权威性和普及性。《中国科技之路》力图展示中国科技发展道路所蕴含的文化自信和创新自信，激励我国科技工作者和广大读者继承与发扬老一辈科学家胸怀祖国、服务人民的优秀品质，不负伟大时代，矢志自立自强，努力在建设科技强国实现复兴伟业的征程中作出更大贡献。

中国科学院院士

《中国科技之路》编委会主任

2021 年 6 月

科技开辟崛起之路　出版见证历史辉煌

2021 年是中国共产党百年华诞。百年征程波澜壮阔，回首一路走来，惊涛骇浪中创造出伟大成就；百年未有之大变局，我们正处其中，踏上漫漫征途，书写世界奇迹。如今，站在“两个一百年”的历史交汇点上，“十三五”成就厚重，“十四五”开局起步，全面建设社会主义现代化国家新征程已经启航。面向建设科技强国的伟大目标，科技出版人将与科技工作者一起奋斗前行，我们感到无比荣幸。

2021 年 3 月，习近平总书记在《求是》杂志上发表文章《努力成为世界主要科学中心和创新高地》，他指出：“科学技术从来没有像今天这样深刻影响着国家前途命运，从来没有像今天这样深刻影响着人民生活福祉”“中国要强盛、要复兴，就一定要大力发展科学技术，努力成为世界主要科学中心和创新高地。我们比历史上任何时期都更接近中华民族伟大复兴的目标，我们比历史上任何时期都更需要建设世界科技强国！”在这样的历史背景下，科学文化、创新文化及其所形成的科普、科学氛围，对于提升国民的现代化素质，对于实施创新驱动发展战略，不仅十分重要，而且迫切需要。

中国编辑学会是精神食粮的生产者，先进文化的传播者，民族素质的培育者，社会文明的建设者。普及科学文化，努力形成创新氛围，让科学理论之弘扬与科学事业之发展同步，让科学文化和科学精神成为主流文化的核心内涵，推出高品位、高质量、可读性强、启发性深的科技出版物，这是一条举足轻重的发展路径，也是我们肩负的光荣使命，更是国际竞争对我们的强烈呼唤。秉持这样的初心，中国编辑学会在2019年7月召开项目论证会，确定以贯彻落实党和国家实施创新驱动发展战略、建设科技强国的重大决策为切入点，编辑出版一套为国家战略所必需、为国民所期待的精品力作，展现我国科技实力，营造浓厚科学文化氛围。随后，中国编辑学会组织了半年多的调研论证，经过数番讨论，几易方案，终于在2020年年初决定由中国编辑学会主持策划，由学会科技读物编辑专业委员会具体实施，组织人民邮电出版社、科学出版社、中国水利水电出版社等15家出版社共同打造《中国科技之路》，以此向中国共产党成立100周年献礼。2020年6月，《中国科技之路》入选中宣部2020年主题出版重点出版物。

《中国科技之路》以在中国共产党领导下，我国科技事业壮丽辉煌的发展历程、主要成就、关键节点和历史意义为主题，全面展示我国取得的重大科技成果，系统总结我国科技发展的历史经验，普及科技知识，传递科学精神，为未来的发展路径提供重要启示。《中国科技之路》服务党和国家工作大局，站在民族复兴的高度，选择与国计民生息息相关的方向，呈现我国各行业有代表性的高精尖科研成果，共计15卷，包括总览卷、信息卷、交通卷、建筑卷、卫生卷、中医药卷、核工业卷、航天卷、航空卷、石油卷、海洋卷、水利卷、电力卷、农业卷和林草卷。

今天中国的科技腾飞、国泰民安举世瞩目，那是从烈火中锻来、向薄冰上履过，其背后蕴藏的自力更生、不懈创新的故事更值得点赞。特别是在当今世界，实施创新驱动发展战略决定着中华民族前途命运，全党全社会都在不断加深认识科技创新的巨大作用，把创新驱动发展作为面向未来的一项重大战略。基于这样的认识，《中国科技之路》充分梳理挖掘历史资料，在内容结构上既反映科技领域的发展概况，又聚焦有重大影响力的技术亮点，既展示重大成果、科技之美，又讲述背后的奋斗故事、历史经验。从某种意义上来说，《中国科技之路》是一部奋斗故事集，它由诸多勇攀高峰的科研人员主笔书写，浸透着科技的力量，饱含着爱国的热情，其贯穿的科学精神将长存在历史的长河中。这就是“中国力量”的魂魄和标志！

《中国科技之路》的出版单位都是中央级科技类出版社，阵容强大；各卷均由中国科学院院士或者中国工程院院士担任主编，作者权威。我们专门邀请了著名科技出版专家、中国出版协会原副主席周谊同志以及相关领导和专家作为策划，进行总体设计，并实施全程指导。我们还成立了《中国科技之路》编委会和出版工作委员会，组织召开了20多次线上、线下的讨论会、论证会、审稿会。诸位专家、学者，以及15家出版社的总编辑（或社长）和他们带领的骨干编辑们，以极大的热情投入到图书的创作和出版工作中来。另外，《中国科技之路》的制作融文、图、音频、视频、动画等于一体，我们期望以现代技术手段，用创新的表现手法，最大限度地提升读者的阅读体验，并将之转化成深邃磅礴的科技力量。

2016 年 5 月，习近平总书记在哲学社会科学工作座谈会上发表讲话指出，自古以来，我国知识分子就有“为天地立心，为生民立命，为往圣继绝学，为万世开太平”的志向和传统。为世界确立文化价值，为人民提供幸福保障，传承文明创造的成果，开辟永久和平的社会愿景，这也是历史赋予我们出版工作者的光荣使命。科技出版是科学技术的同行者，也是其重要的组成部分。我们以初心发力，满含出版情怀，聚合 15 家出版社的力量，组建科技出版国家队，把科学家、技术专家凝聚在一起，真诚而深入地合作，精心打造了《中国科技之路》，旨在服务党和国家的创新发展战略，传播中国特色社会主义道路的有益经验，激发全党、全国人民科研创新热情，为实现中华民族伟大复兴的中国梦提供坚强有力的科技文化支撑。让我们以更基础更广泛更深厚的文化自信，在中国特色社会主义文化发展道路上阔步前进！

中国编辑学会会长

《中国科技之路》编委会主任

2021 年 6 月

本卷前言

回溯历史，科学技术的发展与进步为人类创造了巨大的物质和精神财富。科学技术是推动现代生产力发展中的重要因素和重要力量，极大地提高了人们认识自然、改造自然和保护自然的能力，提高了生产劳动能力。在当今社会，现代化科学技术的超前性对生产力发展具有先导作用，对人类社会产生了巨大影响，甚至不同程度地改变了人类的工作和生活方式。

核科学技术是 20 世纪人类最伟大的科技成就之一，原子的发现和核能的开发利用，给人类发展带来了新的动力，极大增强了人类认识世界和改造世界的能力。核科学技术始于 20 世纪前半叶。20 世纪 30 年代发现了中子和核裂变，推动了核武器的发展和核能发电以及民用非动力核技术的广泛应用，形成了门类齐全的核科学技术，它包括核物理、核化学与放射化学、裂变堆工程、粒子加速器、核聚变工程技术与等离子体物理、核燃料循环、辐射物理、核安全、辐射防护、放射性废物处理与处置、核设施退役、核技术应用等。核科学技术从诞生之日起就与人类社会的生存和发展密切相关，它不仅属于战略高科技领域，也是国家核心利益和实力的具体标志之一，而且在国民经济中起到了独特的作用，具有重要地位。进入 21 世纪，核科学技术作为一门前沿学科始终保持旺盛的生命力，深受国际社会的重视和关注，世界各国对其投入的研究经费更是有增无减。

旧中国核科学技术研究仅仅开展了少量探索性工作，没有取得系统进展，研究机构和人员很少，研究设备、研究经费匮乏。新中国核科学研究始于1950年中国科学院近代物理研究所的成立，在1955年核工业创建后得到快速发展，为中国核工业建立完整的产业体系，取得“两弹一艇”研制成功、核电快速发展、核技术广泛应用等举世瞩目的成就，发挥了支撑和保障作用。“两弹一星”奠定了新中国的大国地位，老一辈核工业人培育和形成的“热爱祖国、无私奉献，自力更生、艰苦奋斗，大力协同、勇于登攀”的“两弹一星”精神，一直激励着一代又一代的核科技工作者无私奉献于祖国的国防事业和国民经济建设。

伴随着我国国民经济的不断发展壮大，核科学技术在我国能源、科技、医疗以及工农业等各个领域正发挥着越来越重要的作用。新世纪以来，我国核科学技术研究取得了丰硕成果，核科技创新体系不断完善，核科技创新成果在产业转型升级中的作用更为突出。今天的中国，已经成为世界核电领域的先行者和倡导者，正处在从核大国迈向核强国的关键时期。核科技是高科技密集的领域，是产学研紧密结合的新兴产业链，核领域关键核心技术是要不来、买不来、讨不来的。关键核心技术是核工业进一步发展的支撑，需要核科技工作者把它牢牢掌握在自己手中，再续我国核工业新的辉煌篇章。

为纪念中国共产党迎来百年华诞，中国编辑学会组织15家涉及各关键领域的国家级科技出版社，共同出版《中国科技之路》，系统展示百年来在中国共产党的领导下，不同领域在不同时期以重大科研成果推动经济社会发生的翻天覆地的变化。《中国科技之路》旨在普及科学知识、弘扬科学精神，激励更多人特别是青年一代为建设世界科技强国而不懈奋斗。

本书为《中国科技之路》的核工业卷，由中国原子能出版社组织编写。多年来，中国原子能出版社坚持“传播科技，传承文化”的宗旨，围绕我国核科技事业进步、核工业产业发展、核工业文化建设，抓重点，抓精品。

本书在概述部分中，全面梳理介绍了中国核工业创建和发展的历程，重点介绍了核科学技术研究与开发的历程和取得的成就。在亮点部分中，较详细地介绍了原子弹、氢弹、核潜艇、自主品牌第三代核电技术“华龙一号”的研制历程、攻克的技术难关、对国家的作用和意义，特别展示了老一辈和新一代核科技领军人物以及科技工作者的付出和贡献。在展望部分，阐述了国际视野下中国核科技工业的发展方向和前景。

本书的编写者均为一线编辑工作者。鉴于编写者认识和能力所限，难免有疏漏和不当之处，还请广大读者拨冗指出，在这里表示衷心感谢。

本卷编委会

2021 年 5 月

体验本书配套AR内容
请扫描二维码下载App

AR 使用说明

为帮助读者进一步了解核工业的相关知识，本书还提供了 AR App。该应用支持交互操作，读者可扫描左侧的二维码，下载、安装，即可使用。

目　录

第二篇

“两弹一艇”与核电站

第三篇

终极能源，助民族复兴

第一篇
神奇科技，铸大国重器

60 年来，几代核工业人艰苦创业、开拓创新，推动我国核工业从无到有、从小到大，取得了世人瞩目的成就，为国家安全和经济建设作出了突出贡献。核工业是高科技战略产业，是国家安全重要基石。要坚持安全发展、创新发展，坚持和平利用核能，全面提升核工业的核心竞争力，续写我国核工业新的辉煌篇章。

——2015 年 1 月 15 日，在我国核工业创建 60 周年之际，中共中央总书记、国家主席、中央军委主席习近平对核工业作出重要指示

一、中国“核”的真面目

核工业，也称原子能工业，是利用核反应或核衰变（核跃迁）释放出的能量或辐射获取一定的经济效益或社会效益的产业统称。核工业是人类 20 世纪 40 年代中期发展起来的从事核燃料生产、核能开发、核技术应用的一门新兴工业，是多学科、多专业、综合性强、涉及面广、系统规模大的高科技战略产业。核工业的创建与发展，一定程度上反映了一个国家的经济实力和科学技术发展水平，也是一个民族聪明才智和创新能力的重要体现。

中国核工业创建于 1955 年，迄今已经走过了 60 多年的辉煌历程。在党和国家几代领导集体的亲切关怀下，在全国各行各业大力协同和全国人民的大力支持下，核工业从无到有、从小到大、从弱到强，历经两次创业，取得了举世瞩目的成就，成为世界上少数几个拥有核武器、先进核电和完整核科技工业体系的核大国。中国核工业的创建与发展，是中国共产党领导中国人民向科学技术进军，实现中华民族伟大复兴进程中所取得的伟大成就，为我国维护主权和反对外来侵略作出了不可磨灭的历史性贡献。

（一）特色鲜明，体系完整

中国的核科技工业体系，大体可分为六个部分。

一是核燃料循环体系。包括核燃料循环前段和后段。核燃料循环前段是核燃料在反应堆前使用的工业工程，包括资源开采、矿石加工冶炼、铀同位素分离和核燃料加工制造；核燃料循环后段是核燃料从反应堆卸出后的处理和处置过程，包括乏燃料的中间储存、乏燃料的后处理、放射性废物的处理和最终处置等。

二是核武器工业体系。包括利用重原子核链式裂变反应原理制成核武器，即原子弹；利用氘、氚等轻原子核热核聚变反应制成核武器，即氢弹；以及制造以高能中子为主要杀伤因素而相对减弱冲击波和光辐射的特殊性能的中子弹核武器等。

三是反应堆工业体系。主要包括堆芯、堆内构件、反应堆容器和控制棒驱动机构等部件的设计、建造、调试、运行、维修和退役等。

四是核电工业体系。主要指的是以铀、钚、钍等为核燃料的裂变反应中产生的能量转变为电能的核电厂的设计、建造、调试、运行、维修和退役等。

五是核技术应用工业体系。一方面包括稳定同位素、放射性同位素的生产，钴源和电子加速器辐照装置的开发，以及相关设备、仪器、仪表的制造，这是核技术应用的基础；另一方面是在工业、农业、医学、环境保护、公共安全、科研等领域的广泛应用，其产品与我们日常工作、生活密不可分。

六是核专用设备仪器和特殊材料工业体系。由于核工业的特殊性，核专用设备仪器无论是在材料还是工艺方面均具有特殊要求，要求设备能耐辐照。因此，在发展中逐渐形成核专用设备仪器和特殊材料工业体系。

核科技工业与其他工业相比，具有以下显著特点：一是属于高科技战略产业，是国家安全的重要基石，是能源结构优化、实现低碳绿色发展的重要保障之一，是国民经济的重要组成部分。二是涉及核安全、核不扩散、应对核恐怖主义威胁，是国际社会高度关注和严格监管的领域，主要有核国家均采用政府集中管理的模式。三是具有放射性，要求所有材料、设备具有高纯度、高精度、耐辐照、耐腐蚀、高清洁度、高密封性，且要建立严格的工作人员和公众辐射防护体系以及辐射环境保护体系。四是具有很强的系统性和综合性，其范围包括从地质勘探、采矿直到放射性“三废”处理处置等 10 多个产业和物理、化学直至经济管理学等 10 多个科学技术领域，每一个产业环节都包含了许多核与非核高新技术。五是建设核电站、反应堆等大型核设施，直至建立完善的核工业体系，都需要较长的开发周期，也需要投入很大的人力物力。六是对其他行业的技术进步和科学研究的发展具有不可替代的作用，对上下游产业的发展和地方经济发展具有带动作用。

（二）安全基石，地位突出

半个多世纪以来，新中国的核科技工业得到了中央的特别重视、支持与关怀。

老一辈领导人毛泽东主席、周恩来总理等十分重视核工业的创建和发展。1955 年 1 月 15 日，毛泽东在中南海主持召开了中共中央书记处扩大会议，毛泽东指出：“……过去几年其他事情很多，还来不及抓这件事（指建立原子能工业）。这件事总是要抓的。现在到时候了，该抓了。只要排上日程，认真抓一下，一定可以搞起来。”这次会议作出了建立原子能工业的决策。1956 年 4 月 25 日，毛泽东在中共中央政治局扩大会议上又指出：“我们现在已经比过去强，以后还要比现在强，不但要有更多的飞机大炮，而且还要有原子弹，在今天的世界上，我们要不受人家欺负，就不能没有这个东西。”

周恩来全面具体领导了中国核工业的建设和发展，作出许多指示和提出具体要求。在任中央专委主任期间，主持了 40 多次专委会会议和若干次专委专题会。

邓小平充分肯定和高度评价中国核工业取得的伟大成就，他指出：“如果六十年代以来中国没有原子弹、氢弹，没有发射卫星，中国就不能叫有重要影响的大国，就没有现在这样的国际地位。这些东西反映一个民族的能力，也是一个民族、一个国家兴旺发达的标志。”

党的十八大以来，中共中央总书记习近平高度重视核工业在国家全局的重要地位和作用，对核工业的发展多次作出重要指示批示。2015 年年初，习近平在中国核工业创建 60 周年之际作出重要指示，指出，核工业是高科技战略产业，是国家安全重要基石。要坚持安全发展、创新发展，坚持和平利用核能，全面提升核工业的核心竞争力。

半个多世纪以来，中央领导人对中国核工业的重要指示，肯定了中国核工业在创建和发展过程中取得的惊世伟业，是对中国核工业人最大的鼓励和鞭策。进一步确定了中国核工业在国民经济发展中的地位与作用，为中国核工业的发展指明了方向。

二、创造惊世伟业之路

（一）“两弹一艇”，铸国之基石

从 1955 年中共中央决策创建原子能工业到 1978 年党的十一届三中全会，中国核工业以军为主，进行核燃料循环体系的建立和核武器的研制。这一阶段称为第一次创业时期。

1955 年 1 月 15 日，毛泽东在中南海主持召开了中共中央书记处扩大会议。这是一次对中国核工业具有重大历史意义的会议，它作出了中国要发展核工业的战略决策，标志着中国核工业建设的开始。正是这次会议，开启了我国核工业建设和核武器研制艰巨而伟大的历程，决定国家命运的“两弹一艇”强国梦自此启航。

1964 年 10 月 16 日，我国第一颗原子弹爆炸成功

原子弹的研制艰难曲折、波澜壮阔，不仅要进行理论探索，还要进行爆轰试验。原子弹的研制过程就是科学技术突飞猛进的发展过程。从事原子弹研制的科学家和工程技术人员利用极其简陋的条件，克服难以想象的困难，不断突破理论和技术上的关键问题，找到解决问题的途径，逐步掌握理论计算方法和试验技术。

在原子弹理论探索的同时，我国进行了铀矿地质勘探、采冶，铀的纯化与转化，核燃料元件的生产，原子弹核心部件的加工和组装，1964 年 8 月产品装配完毕，1964 年 10 月 16 日，在新疆罗布泊大漠深处，我国第一颗原子弹爆炸成功。

1967 年 6 月 17 日，我国第一颗氢弹爆炸成功

在研制原子弹的同时，我国进行了氢弹的理论预研。1961 年年底，原子能研究所组建由 20 多名科技人员组成的热核反应理论组，开展对氢弹作用原理的探索。核武器研究所的科技人员也于 1963 年 9 月开始探索氢弹的理论问题。1965 年 1 月，原子能研究所热核反应理论组的科技人员调往核武器研究所。同年 12 月提出了突破氢弹技术的具体规划：第一步突破氢弹设计原理，第二步完成氢航弹。1965 年 9 月核武器研究所的科研人员通过计算和分析，确定造成自持热核反应条件的关键因素。这就找到突破氢

弹的关键，探索出氢弹的设计原理，在此基础上制定出氢弹研制的两年规划。1966 年 5 月 9 日，第一次加强型原子弹（含热核材料）核试验成功，1966 年 12 月 28 日，进行了按新的理论方案设计的氢弹原理试验。中央专委决定按照此方案进行全当量试验，1967 年 5 月完成了第一颗氢弹的设计、生产、环境试验。1967 年 6 月 17 日成功爆炸了第一颗氢弹。

1970 年 12 月 26 日，我国第一艘核潜艇下水

中国核潜艇的研制成功，揭开中华民族向海图强的新篇章。

我国早在 1958 年就开始组织力量研制核潜艇。在报经中央同意的《关于发展海军潜艇新技术问题》的文件中确定，二机部负责“核潜艇用堆及其控制系统、防护设备等的研究设计任务”。 1964 年 10 月，我国首次核试验成功后，加紧研制核潜艇的任务便被进一步提到了日程上。1965 年 7 月完成核潜艇动力堆设计方案，年底完成初步设计，以后又完成扩大初步设计。在“文化大革命”期间，为了保证核潜艇的研制工作，中央军委向全国有关部委和单位发出《特别公函》，国防科委多次召集协调会议。在陆上模式堆建成并准备启动的重要时刻，周恩来主持召开中央专委会，作出多次重要指示，保证了核潜艇研制工作的正常进行。1970 年 4 月 28 日，陆上模式堆土建安装工作提前完成，同年 8 月 30 日实现满功率。1970 年 12 月 26 日，第一艘核潜艇艇体下水。1971 年 8 月，第一艘核潜艇下水试验航行。1974 年 8 月 1 日，中国第一艘核潜艇“长征一号”编入海军序列。

第一次创业时期，在党中央和国家领导人的亲自指挥下，在全国各方面的大力协同下，铸就了“两弹一艇”的惊世伟业，打破了帝国主义、霸权主义的核垄断和核讹诈，为新生的人民共和国撑起了核保护伞，确立了我国的核大国地位，为巩固国防、维护世界和平作出了贡献。与此同时，建立完善

管理机构、组建和扩大核工业队伍、开展铀资源勘查、建设和完善核燃料生产体系，同位素辐射技术应用逐步发展，为中国核工业发展奠定了坚实基础，建成了比较完整的核工业体系。

（二）核电崛起，展国之光荣

党的十一届三中全会到2012年党的十八大召开，核工业实施战略调整，由以军为主，转到为国民经济和人民生活服务上来，大力发展核电，全面提升核工业全产业链的生产能力和技术水平。这一阶段称为第二次创业时期。

党的十一届三中全会确定改革开放总方针，中国核工业随之进行了战略调整，提出把重点转移到为国民经济服务上来的发展方针，坚持“以核为主，多种经营”，核科技工业发展迈入新阶段。1978年以来，二机部全面贯彻“调整、改革、整顿、提高”的方针，压缩基建规模并保证重点工程和收尾工程建设，缩短科研战线。具有行政职能的中国核工业总公司于1999年7月分立为企业性质的中国核工业集团公司（简称中核集团）和中国核工业建设集团公司（简称中核建集团），标志着中国核工业体制深化改革的完成。1999—2010年，中核集团在党中央、国务院的领导下，完成了结构调整改革。中核集团通过结构调整改革，优化了产业结构，精干了主业，精简了队伍，大量历史遗留问题得以解决，经济状况逐渐好转。2002年实现补后盈利，结束连续10多年行业性亏损，2004年首次实现补前盈利，走上良性发展轨道。

在这一阶段，核工业进行了一系列的组织机构调整。1983年9月，国务院成立核电领导小组，国务院副总理李鹏任组长；1984年10月，国家核安全局成立，任命姜圣阶为局长。第二机械工业部于 1982 年 5 月改名为核工业部，1988 年 4 月改组为中国核工业总公司（简称中核总），1999 年 7 月分立为中国核工业集团公司和中国核工业建设集团公司。1979 年以后，组建了二机部核电局、中国原子能工业公司、中原对外工程公司、中国同位素公司等主要面向市场的部门和专业化公司。1990 年，中国工程物理研究院从中核总划出实行计划单列。1994 年 9 月，中国广东核电有限公司成立，并以该公司为核心企业组建中国广东核电集团（简称中广核集团），实行国家计划单列。2007 年 5 月，国家核电技术有限公司成立。

保军，核武器研制技术不断完善

20 世纪 80 年代中期以后，我国继续完善核武器，进行核武器研制定型，成功研制中子弹。1996 年 7 月 29 日，中国政府在成功进行第 45 次核试验后发表声明，宣布从 1996 年 7 月 30 日起，中国暂停核试验。中国政府这一声明受到世界各国欢迎。

转民，核电技术发展成为主旋律

这一阶段，核能的和平利用，核电站的建设摆到了重要而突出的位置，核电技术迅速发展。

1991 年 12 月 15 日，秦山一期 30 万千瓦级核电机组成功并网发电，从而结束了中国大陆无核电的历史，实现了我国大陆核电“零的突破”，开辟了核工业服务于国民经济建设的新天地。这是我国核工业第二次创业的里程碑，使我国成为继美国、英国、法国、苏联、加拿大、瑞典之后第七个能够自行设计建造核电站的国家，被中央领导誉为“国之光荣”。

广东大亚湾核电站是从法国成套引进技术和设备建设的百万千瓦级商用核电机组，1994 年 2 月 1 日 1 号机组投入商业运行，1994 年 5 月 6 日 2

号机组投入商业运行。大亚湾核电站是改革开放的成功典范，它的成功建设，与秦山核电站一起，开辟了我国自主建设和引进创新相结合的核电起步发展道路。

2000 年以后，中央在对五年规划的建议中分别提出“适度发展核电”“积极发展核电”和“安全高效发展核电”的方针。2006 年 2 月，大型先进压水堆及高温气冷堆核电站列为 16 个国家重大科技专项之一。2006 年 11 月 2 日，中央政治局常委会决定从美国西屋公司引进 AP1000 第三代核电技术，合作建设自主化依托项目 4 台 AP1000 核电机组。2011 年 3 月福岛核事故后，在国务院常务会议做出部署后，国家核安全局等部门对全国核设施进行了核安全检查，核电安全标准进一步提高，相关企业按要求进行了安全整改。

在核电厂小批量建设和规模建设阶段，我国建设了一系列工程，在沿海建成了多座核电厂，包括秦山核电基地、田湾核电、岭澳核电、三门核电、海阳核电、福清核电、方家山核电、昌江核电、红沿河核电、防城港核电等。中国实验快堆在 20 世纪 90 年代完成概念设计，2000 年 5 月 30 日浇注第一罐混凝土；经过 10 年研发与建设，2010 年 7 月 21 日反应堆实现首次核临界，一年后成功实现首次并网发电。清华大学设计建造的高温气冷实验堆是国家“863”计划项目，于 2003 年 1 月实现满功率并网发电。

进入 21 世纪，铀矿地质产业坚持以“找大矿、找富矿、找经济可采矿”为勘查目标，优化总体布局，创新找矿思路，南方老矿山深部和外围找矿成果显著，北方沉积盆地砂岩铀矿找矿取得重大突破，探明资源储量显著增长，改变了中国铀矿勘查开发格局。铀矿采冶进入国际先进行列，突破了第三代绿色采铀技术。核燃料元件生产制造产业通过引进和自主创新，极大地提升了生产能力和技术水平，实现了产业的更新换代，主要表现在铀转化厂规模建设、铀浓缩技术的新突破和产业建设、国际先进水平核燃料元件的开发与生产线建设、后端能力提升与短板补齐。2012 年 12 月，我国研制的铀浓缩离心机在兰州成功实现工业化应用。

1978 年全国科学大会后，中国科研工作步伐加快，核工业建设并形成一批国家重大科技基础设施和大型科学装置，为核科学技术研究及开发应用提供重要科技研发创新平台，有力保障了重大科技计划项目实施，也是中国核科学技术研究能力的见证。这其中主要包括：中国先进研究堆、中国实验快堆、串列加速器升级工程、中国环流器一号和新一号、超导托卡马克实验装置“合肥超环”和“东方超环”、高通量工程试验堆、高温气冷实验堆、核动力研发二代和三代平台、放化实验大楼，以及合肥同步辐射光源、兰州重离子加速器、上海光源、中国散裂中子源、北京正负电子对撞机、“神光二号”高功率激光物理实验装置、稳态强磁场实验装置、X 射线自由电子激光试验装置、大亚湾反应堆中微子实验工程等。

核技术在国民经济中的应用也快速发展。改革开放后，核技术应用大致经历了经营体制战略转型（1979—1988 年）、推进产业化进程（1988—1999 年）、产业重组实现新的发展（1999—2012 年）三个主要发展阶段，形成同位素与放射源、加速器与辐射装置、辐射加工、核特色医疗、核仪器仪表、公共安全产品等产业。核技术应用产业的发展，得益于国家的政策引导和大力支持，得益于体制和机制深化改革，得益于社会的关注和多元化主体的进入。

对外合作形势喜人。1986 年 9 月 23 日，中法两国在人民大会堂签署广东大亚湾核电站的设计建设、运行管理等 4 个合同和 3 个协议。1991 年

12月我国向巴基斯坦出口并帮助建设的30万千瓦恰希玛核电站合同签署，并于2000年6月实现首次并网，8月21日达到满功率，我国成为世界上第七个出口成套核电机组的国家。1993年12月，阿尔及利亚“比林一期工程”竣工验收，中国核工业迈出了走出国门的第一步，被国际原子能机构誉为“南南合作的典范”。1996年12月中核总与俄罗斯原子能部签订《建设连云港核电站框架合同原则协议》，并于1997年12月正式签字，1999年10月，江苏田湾核电站主体工程开工。2006年，中国政府作出引进美国AP1000第三代非能动大型先进压水堆核电技术，高起点实现核电自主化发展的战略决策。

第二次创业时期，伴随着国家改革开放的进程，核工业锐意改革，励精图治，不断创新，实现了核电事业“零的突破”和规模发展；实现了核燃料技术更新换代和生产规模扩大；实现了核技术应用的产业化和发展跃升；实现了由封闭到开放再到核能“走出去”进入国际市场的历史跨越；实现了体制机制的创新和根本转变，逐渐走出了一条有中国特色的发展道路。

（三）科技创新，促国之发展

党的十八大以来，国家能源安全新战略深入实施，应对气候变化实现碳达峰和碳中和目标提上重要日程，世界新一轮科技革命和产业变革蓬勃兴起，以互联网、物联网、人工智能、云计算、大数据等为代表的数字技术革命飞速发展，为核工业产业升级与技术升级提供了百年难遇的契机和成长空间。通过持续推动核能开发利用，强力推进数字核工业建设，核工业更加充分发挥高科技优势，不断开拓广阔产业发展新天地，获取新的发展利器，实现新的腾飞。核工业进入全面提升阶段。

2015 年 5 月 29 日，中国电力投资集团公司与国家核电技术公司合并，组成国家电力投资集团公司（简称国家电投），国家电投在中核集团、中广核集团之后，成为国内第三家具有核电建造运营资质的企业。2018 年 1 月 31 日，国资委宣布：经报国务院批准，中国核工业集团有限公司与中国核工业建设集团有限公司实施重组，中核集团成为集核电技术开发、投资运营和建造于一体的全产业链综合性核工业集团。2020 年 9 月 2 日，国务院常务会议核准海南昌江核电二期工程和浙江三澳核电一期工程。海南昌江核电二期工程的获批，意味着中国华能集团有限公司成为中国第四家具备控股建设运营大型压水堆项目资质的核电集团。

核电建设经过适度发展、积极发展再到安全高效发展，截至 2020 年 12 月 31 日，中国运行核电机组达到 49 台（不含台湾地区），装机容量为 5102.716 万千瓦（额定装机容量），位列全球第三；在建核电机组装机容量上，位列全球第一，成为世界核电的重要力量。中国核电安全性不断提高，技术不断升级换代。“华龙一号”经历了 CNP1000、CP1000 的过渡，福岛核事故后从 CP1000 到 ACP1000 的重大改进，以及从 ACP1000 向第三代核电技术的融合过程，最终实现完全自主化，“华龙一号”全球首堆福清 5 号机组于 2021 年 1 月 30 日投入商运，标志着中国打破了国外对第三代先进核电技术的垄断，迈入核电技术先进国家行列。2014 年 12 月 18 日 17 时，中国实验快堆首次实现满功率稳定运行 72 小时，安全特性指标已达到第四代先进核能系统的要求。第四代核电快堆和高温气冷堆示范工程开始建设，其他堆型的研发正在推进。中国环流器二号 A 装置 2012 年完成改造与升级，2019 年中国环流器二号 M 装置进入总体安装并于 2020 年 12 月 4 日实现首次放电。“东方超环”装置是中国自行设计研制的国际首个全超导托卡马克装置，2018 年 11 月首次实现等离子体中心温度 1 亿摄氏度运行近 10 秒。同时，中国加入国际热核聚变实验堆（ITER）的建造，并作出积极贡献。标志着中国自主掌握了大型先进托卡马克装置的设计、制造、运行技术，为我国核聚变堆的自主设计与制造打下坚实基础。

在核电发展带动下，我国铀资源探采能力不断攀升，海外开发成效显著，核燃料循环前端和后端的能力与水平持续提高，核工业全产业链出口不断呈现新局面，为我国“一带一路”倡议和“走出去”战略提供生动实践与蓬勃活力，“华龙一号”成为与中国高铁并驾齐驱的国家制造业闪亮名片。

核技术应用骨干企业成功跨入资本市场，为产业发展提供了新的动力。在工业、农业、医学、科技等领域广泛应用辐射技术，并取得积极成果。在 2020 年抗击突如其来的新型冠状病毒战役中，充分发挥辐照消毒的技术优势，大大缩短了医用防护服灭菌时间，为抗击疫情赢得了宝贵的时间，凸显科技“硬核”战“疫”的作用。

新时代的核工业将科技创新作为发展的源动力，将科技创新与产业发展紧密结合，形成上下游的有机联系，建立了覆盖核工业全产业链各环节、具有国际先进水平的科技创新体系。在国家大力支持下，各涉核集团加强自主投入，深化科技体制改革，注重科技领军人物培养，不断取得新的成果。

中国核工业走过的光辉历程，在共和国历史长卷中留下极其闪光的足迹，值得世人称颂和传扬。

三、塑造魂魄的崇高精神

在我国核工业创业征途中，既创造了举世瞩目的丰功伟绩，也积淀了丰厚的文化底蕴和精神财富，孕育形成了“两弹一星”精神和“四个一切”核工业精神。这种精神贯穿于核工业发展历程，是核工业永恒的精神财富，是核工业持续发展的强大动力。

自核工业创建之日起，各级党组织始终不渝地贯彻党中央指示，带领广大职工，克服困难，排除干扰，艰苦奋斗，仅用十几年时间，就建成了完整的核工业体系，完成了“两弹一艇”研制工作，取得第一次创业的辉煌成就。在创造辉煌成就的同时，逐渐形成具有鲜明时代特征、适应时代发展要求的核工业优秀文化特质和优秀文化传统，积淀了深厚的文化底蕴。比较有代表性的是无限忠诚的报国情怀、无私奉献的高尚品格、艰苦奋斗的工作作风、严细求实的工作态度、科学探索的进取精神、团结协作的大局意识。这些优秀文化传统是核工业人最为宝贵的精神财富，是核工业不断发展的基石。

2020 年 9 月 11 日，习近平总书记在科学家座谈会上明确要求广大科技工作者要“弘扬‘两弹一星’精神，主动肩负起历史重任，把自己的科学追求融入建设社会主义现代化国家的伟大事业中去。”“热爱祖国、无私奉献，自力更生、艰苦奋斗，大力协同、勇于登攀”的“两弹一星”精神形成于 20 世纪 50 至 70 年代，是我国老一辈科学家在自主完成原子弹和氢弹爆炸、导弹飞行和人造卫星发射的过程中，自觉培育践行的一种崇高精神，是爱国主义、集体主义、社会主义精神和科学精神的突出体现，是中国人民在社会主义建设时期为中华民族创造的宝贵精神财富。

在创业征程中，核工业人在参与孕育伟大的“两弹一星”精神同时，也形成了具有核工业特色的“四个一切”核工业精神，即“事业高于一切，责任重于一切，严细融入一切，进取成就一切”。核工业精神形成于第一次创业时期，发展于第二次创业时期，是“两弹一星”精神在核工业的丰富和发展。“事业高于一切”，就是一切为了祖国，为了核科技事业，体现了核工业人共同拥有和信守的国家利益高于一切的价值理念；“责任重于一切”，就是对国家、对人民强烈的责任感；“严细融入一切”，就是管理要严、工作要细，真正做到“严、慎、细、实”；“进取成就一切”，就是开拓创新、勇于攀登、不断突破、奋发向上、抢抓机遇、加快发展。核工业精神既体现着自强不息的民族精神，又反映出无私奉献的社会主义价值观；既与传统文化中“以天下为己任”的理念一脉相承，又与拼搏奋进的时代精神相符，因而产生了强大生命力和发散效应。“四个一切”核工业精神于2005年1月15日在庆祝我国核工业创建50周年大会上首次发布。发布后，得到中央媒体的关注和赞扬，广大干部职工反响强烈，广泛共鸣。

进入新时代以来，在传承弘扬“两弹一星”精神和“四个一切”核工业精神基础上，中核集团提炼、形成了“强核报国、创新奉献”的新时代核工业精神。强核是事业，报国是承诺，创新是法宝，奉献是境界，这是核工业人在新时代奋力实践的精神财富，是兑现初心和使命的根本动力，是实现新的奋斗目标的精神支撑，体现了在市场经济环境下需要树立的一种精神境界，必将激励广大核工业人投身建设核强国的伟大征程，谱写核工业新的辉煌篇章。

第二篇
“两弹一艇”与核电站

一、一鸣惊人，国之基石定乾坤

我国核工业的创建和原子弹、氢弹技术的突破，是党中央、毛主席高瞻远瞩的英明决策和坚强领导结出的硕果。在我国经济、技术还很不发达的情况下，核工业人以比世界先进国家更快的速度、花费最少的代价，研制成功原子弹、氢弹和核潜艇，走出了一条具有中国特色的核工业发展道路，为强国之路和中华民族伟大复兴奠定了坚实基础。

在新中国成立后的光辉历程中，原子弹和氢弹研制成功，极大地鼓舞了中国人民的志气，振奋了中华民族的精神。人们将永远记住那火红的战斗岁月，永远热爱那光荣的历史足迹，永远珍惜那宝贵的精神财富。

1964 年的秋天，罗布泊的孔雀河畔，一声迅雷震海天——我国第一颗原子弹爆炸成功，从此打破大国的核讹诈和核垄断。紧接着第一颗氢弹试验成功。声声春雷惊醒西方大国，他们终于发现东方这个不可忽视也不能不承认的潜力巨大的伟大国家。

就在这之后不久，斯诺来华，基辛格来访，尼克松来了。中美建交、中日建交，中华人民共和国恢复在联合国的合法席位，帝国主义孤立中国的阴谋彻底破产。

历史忠实地应验了毛主席的论断：“在今天的世界上，我们要不受人家欺负，就不能没有这个东西。”

这一个个振奋人心的事件，一句句扬眉吐气的言辞，是站立起来的中华民族发出的掷地有声的宣言，是中国人民志气和智慧攥紧的铁拳。

但是人们却很少知道，参加“两弹”研制的科技工作者和广大干部、工人、解放军指战员，特别是许多在国内外已有杰出成就的科学家，他们在北风呼啸、亘古荒凉的长城脚下，在海拔三千米、高原缺氧的茫茫草原，在一望无际、飞沙走石的沙漠戈壁，在山峦起伏、人烟稀少的深山峡谷，饱尝酷暑寒冬、餐风饮露和饥餐砂砾饭、渴饮苦水浆的艰辛。克服了各种难以想象的艰难险阻，经受住了生命极限的考验。在我国物质技术基础还十分薄弱的条件下，艰苦跋涉，运用有限的科研和试验手段，依靠科学、顽强拼搏、发愤图强、锐意创新，攻破一个个技术难关，攀登一个个科学高峰。他们不求索取，只有奉献，默默无闻，殚精竭虑。为了祖国和人民的利益，为了铸造中华人民共和国的核盾牌，为了怒放的中华民族的精神花朵，他们用心血、汗水乃至生命，描绘了一幅宏伟壮丽的历史画卷，谱写了一曲高亢豪迈的时代赞歌。他们所从事的是中华民族为之自豪和神圣的伟大事业。

美籍华人、诺贝尔奖获得者杨振宁说，当年中国在十分困难的情况下，咬紧牙关、自力更生，“两弹一星”搞成功，很了不起。

不忘初心，牢记使命。回顾两弹研制的过程和突出贡献，弘扬“两弹一星”精神，具有重要的历史意义和深远的现实意义。

（一）巨大威力，核武器的秘密有哪些

人类叩开核能的大门

核武器是一种利用核能的大规模杀伤破坏武器。核能也就是原子核能，它比化学反应释放的能量大得多。一个原子核，直径只有一根头发丝的一亿分之一，却蕴藏着惊人能量。对原子核结合能的研究和铀原子核在中子轰击下裂变现象的发现打开了人类探索新能源——核能的大门。

此处有 AR 资源
扫码使用

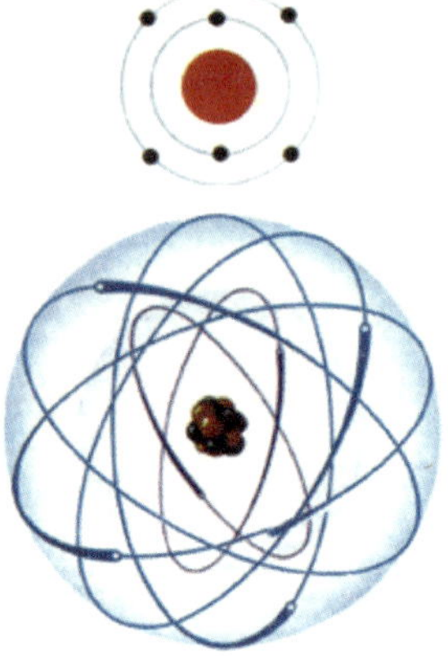

图 2-1　原子的太阳系模型示意图

（上图）碳原子的太阳系模型（轨道模型），2 个电子在第一条轨道（能级），4 个电子在第二条轨道；（下图）立体图表示电子彼此倾斜地围绕原子核运动

图 2-2　原子核组成示意图（红色代表质子，蓝色代表中子）

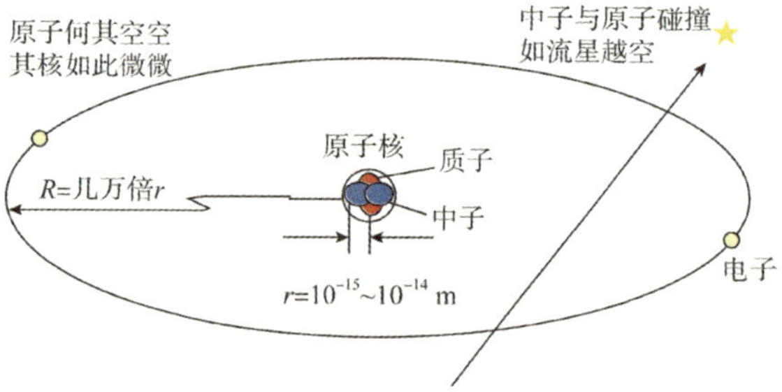

图 2-3　氦原子组成示意图

以铀 -235 核裂变反应为例，一个原子核裂变能释放约 200 兆电子伏的能量；而在煤、石油、天然气等燃烧的过程中，一个碳原子氧化产生一个二氧化碳分子，释放大约 4 电子伏的能量。也就是说，一个铀核裂变反应释放的裂变能是一个碳原子氧化反应所释放化学能的 5000 万倍。

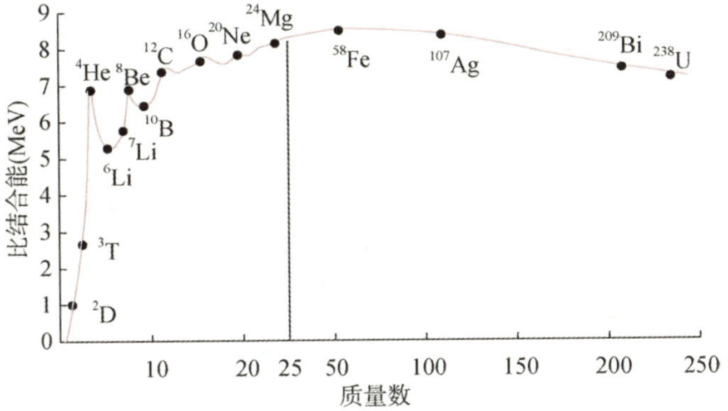

图 2-4 原子核平均结合能按质量数的分布

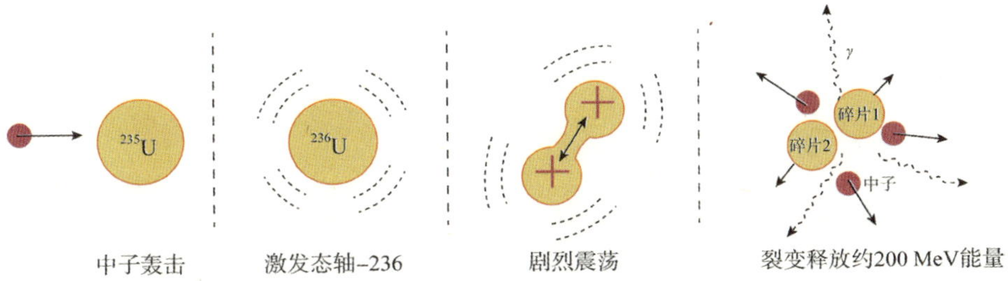

图 2-5 铀 -235 裂变示意图

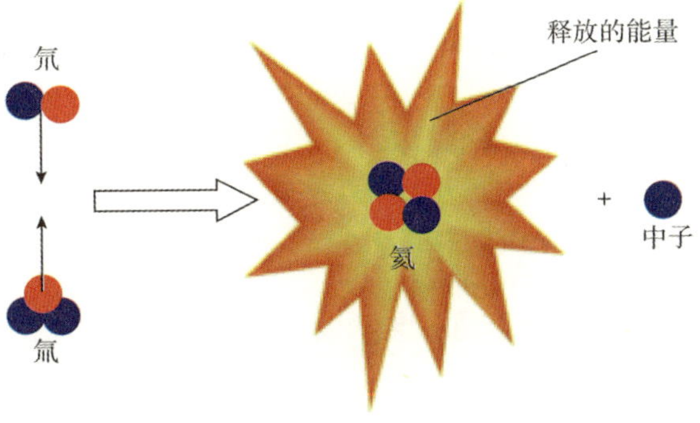

图 2-6 氘氚聚变反应示意图

我们再看看聚变反应的例子。太阳光辉普照地球已40亿年，却只用了它的一小部分资源。太阳之所以坐吃而不山空，是因为它拥有宇宙中真正的能量宝库——聚变核能。太阳的燃烧和自古使用的篝火燃烧完全不同。木头燃烧的化学反应只是各个原子之间的组合状态起了变化，原子核没变，而太阳燃烧的核聚变反应使原子核组成发生了某种变化。无论核裂变反应或核聚变反应，原子核都转变为其他原子核。

举足轻重的核武器诞生了

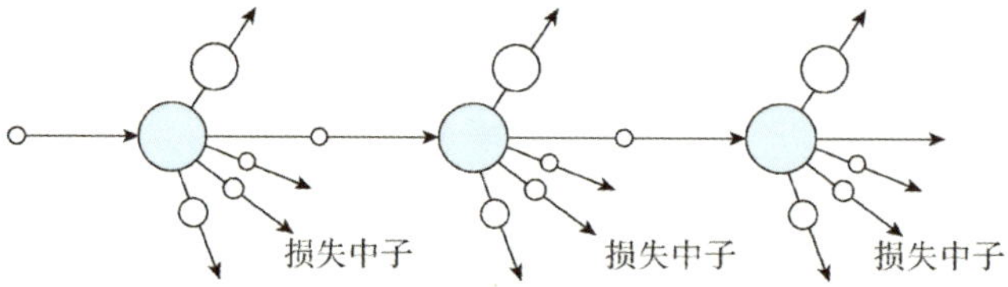

图 2-7 可控链式裂变反应示意图

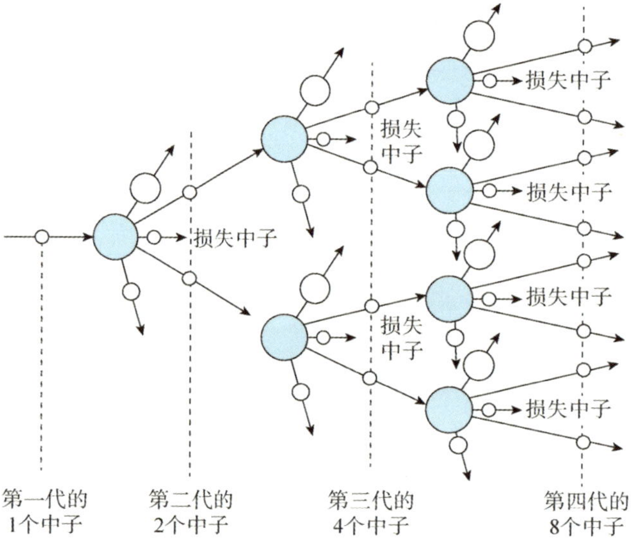

图 2-8 不可控链式裂变反应示意图

人们曾称利用核能制成的武器为原子武器，但由于能量释放实质上来自原子核的反应与转变，所以称核武器更为确切。

从 1938 年 12 月 18 日德国放射化学家奥托 · 哈恩、F · 斯特拉斯曼和奥地利物理学家丽丝 · 迈特纳发现铀原子核裂变，到 1945 年 7 月 16 日，第一颗原子弹在美国试验成功，前后只用了 6 年时间。在现代武器发展史上，其速度之快是名列前茅的。这一方面是由于核物理学取得了一系列重大发现，奠定了科学技术基础；另一方面，要归因于第二次世界大战迫使各国寻求杀伤威力更大的新武器。

原子弹就诞生在这样的环境中。

核武器的威力

核武器与一般常规武器有什么区别呢？常规武器装的是化学炸药，如梯恩梯等，利用化学炸药爆炸产生化学能，主要来自化合物的分解反应。而核武器里面装的是核装料，如铀-235、钚-239、氘、氚等，利用原子核的裂变或聚变反应，瞬时释放出核能。核能的军事利用是武器发展史上新的里程碑。

核武器具有一般常规武器无法比拟的杀伤破坏作用。一般炸弹最多装几百千克炸药，主要依靠爆炸效应或碎片进行杀伤，空中爆炸时杀伤半径只有几十米到几百米，而核武器爆炸的威力相当于数百吨到数千万吨梯恩梯当量。

图2-9　美国第一次核试验的原子弹装置

图2-10　美国大威力核试验之一——代号“矮人”核试验

图2-11　苏联第一颗原子弹

一枚中等威力的核武器杀伤半径可达几千米至几十千米，而且还有常规武器所没有的其他多种杀伤破坏效应，如具有持久杀伤作用的放射性沾染等。它能以最少的兵力、兵器在短时间内造成敌方人力物力的巨大损失。如大约 200 万吨梯恩梯炸药，其威力只相当于美国 B-52 轰炸机携载的 2 枚氢弹爆炸威力，可见核武器毁伤作用之巨大。

核武器的军事价值

与一些科学技术的发明首先用于军事一样，核能的开发最先不是为人类解决能源危机，而是用于军事目的，德国科学家最先注意到核裂变的军事价值，纳粹头子希特勒也曾想利用其巨大的能量去制造武器，改变战争的局面。一些物理学家为了不使这种武器掌握在纳粹手里，并为赢得第二次世界大战的胜利，在美国率先制造成功威力巨大的原子弹。

图 2-12　美国空投原子弹的 B-29 轰炸机

图 2-13　“小男孩”原子弹

图 2-14　“胖子”原子弹

从有战争以来，人们总在不断设法加大武器的杀伤力。人类几千年的武器发展史，从冷兵器拼搏到热兵器较量，至核武器问世，除了科学技术发展的推动外，对更大杀伤力武器的追求也是重要的动力。由于核武器具有其他武器无法替代的巨大杀伤破坏力，因而自它诞生以来就被各国的军事战略家奉为至宝。但只有当第一次核试验发出胜过太阳的强烈闪光，广岛、长崎遭到核袭击灾难时，人类才真正领略到这种毁灭性武器的威力。一枚中等威力的原子弹，能在瞬间毁灭一座中等城市，造成数十万人员的伤亡。氢弹研制成功后，核武器威力更急剧增长，从几万吨梯恩梯当量到几百、几千万吨梯恩梯当量。人类第一次拥有了过剩的杀伤能力。

原子弹制造是一个复杂的科学技术大工程。它的实施首先需要国家最高领导层的决策，政府部门的组织协调及人力、物力上强有力的支持；由于原子弹研制规模大，保密要求高，各国都要在远离城市的荒漠或高山地区建立研究机构；集中一批富有献身精神的杰出科学家组成“大兵团作战”；同时还必须具有足够的核燃料——铀和钚。这些都是研制原子弹必不可少的要素。

那么，当时各国是如何利用核裂变现象来研制原子弹的呢？下面我们来回顾一下历史，看是谁把“核怪物”放出了“魔盒”？

一场原子弹竞赛

上面已经讲到，利用原子核裂变能量的武器，其威力巨大无比。因此，在第二次世界大战中，原子武器被各国军政领袖们看成克敌制胜的手段之一。德、日、苏、英、美、加等国在原子弹研制中开展了一场竞赛。最终是美国最先研制出原子弹；德国虽抢先起步，但失道寡助而失败；日本起步很早，但因缺乏铀原料而“无米下锅”；苏联、英国、法国皆因二次世界大战的影响减缓了研制速度，战后才陆续研制出核武器。

中国在超级大国的核威胁下，别无选择，被迫研制原子弹。

核武器自相矛盾的作用

核武器在军事斗争中的地位和作用，是人们十分关注的问题。第二次世界大战后，核武器为超级大国所垄断，成为它们实行核威胁、核讹诈的工具。它们一方面夸大核武器作用，有人甚至称之为“绝对武器”，以营造核恐怖气氛，对其他国家进行核威胁；另一方面又为各军兵种研制了多种多样的核武器，将这些武器应用于实战。但是核武器巨大毁伤作用使它们在核武器的使用上受到了政治、道义等多方面的制约，而不得不有所顾忌。因此，许多人相信，核武器在军事斗争中仍主要起战略威慑作用。

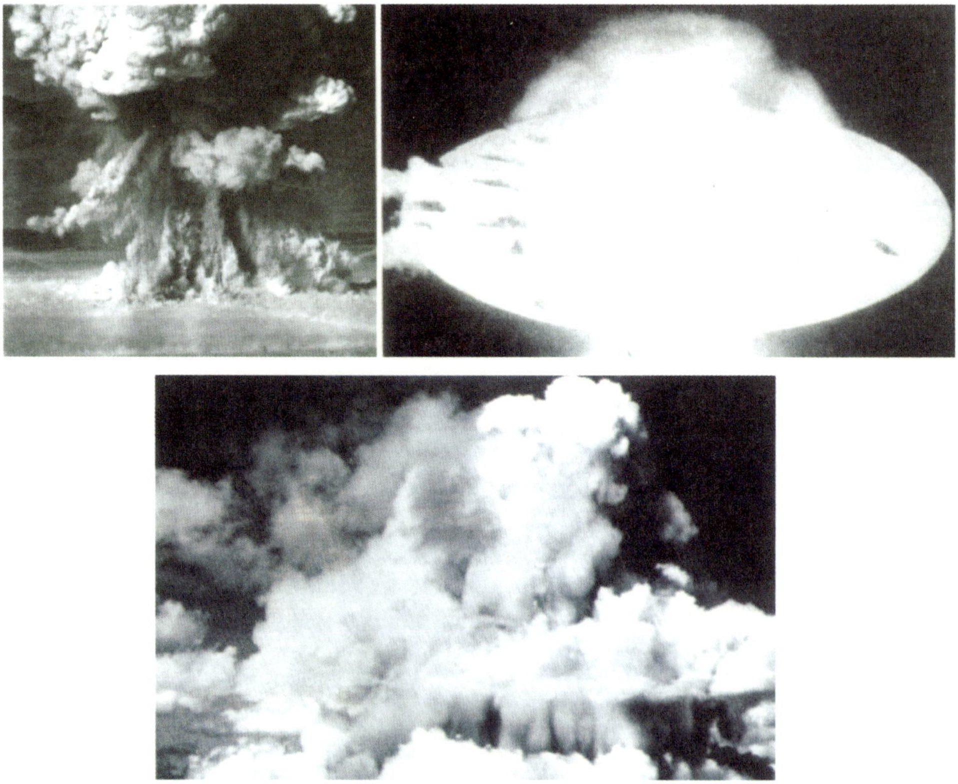

图 2-15　浅水下核爆炸后基浪的情况

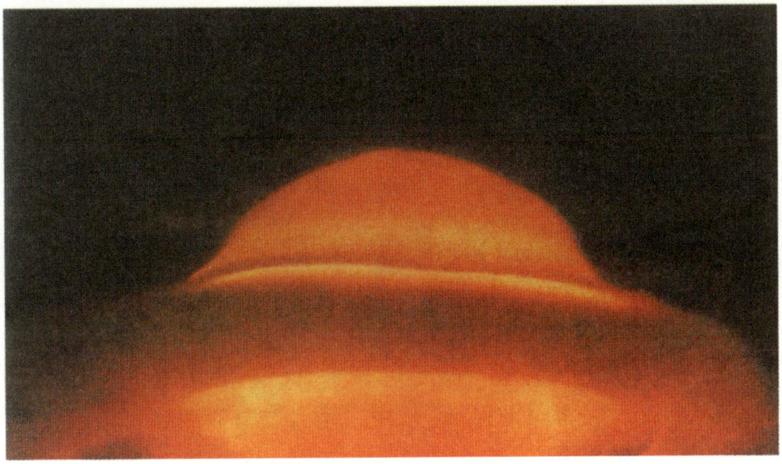

图 2-16 高空核爆炸景象

威慑是古今中外军事斗争中常常采用的一种行为方式。它通过威胁对方的关键利益阻止其采取于己不利的行动，强调的是遏制对方的敌对行动，即所谓“不战而屈人之兵”。威慑能否成功地达到目的，取决于威慑方采用的威胁手段、威慑方使用这一手段的决心和被威慑方对上述两点的认知三个因素。一般来说，威慑要达到的目的和拟采取的手段相称时，威慑就比较容易成功。核威慑是以使用核力量为威胁手段的，它对于达成战略性目的，如阻止对方的核进攻或阻止对方挑起大规模战争等，比较有效。因为一旦威慑方受到对方的核打击或大规模入侵，使用核力量的决心就大，而对方对此也会有足够的认知。反之，以核力量威慑局部战争、地区冲突的爆发则往往收效甚微。这是因为此时威慑方很难下决心动用核武器，被威慑方也不大相信威慑方会这样做。

当然，核威慑是建立在对立双方理性行为的基础上的。在军事斗争中非理性的思维和行为也是客观存在的。事实上，美、苏（俄）等核国家都有人希望扩大核武器的使用范围，将核武器的作用从遏制核进攻扩大到遏制生化武器和常规武器的进攻，从保护本土扩大到保护其盟国。核武器走向实战化的趋向，增加了爆发核战争的危险。

冷战的历史表明，核武器对世界形势的影响主要有两个方面：一方面核武器的发展使世界面临核战争的危险，另一方面在核力量相对平衡，特别是双方都拥有第二次核打击能力的两极对峙中，美、苏（俄）双方都处于既拥有摧毁对方的能力，也面临被对方摧毁的困境。有人把这种状况生动地比喻为“困于瓶中的两只蝎子，彼此都可以致对方于死地，但自身也性命难保”。这样，核战争可能给双方带来的毁灭性后果，反过来起到了遏制核战争的作用。这就是核武器自相矛盾的历史作用。其结果是，自核武器问世以来，除了美国在日本投掷过两枚原子弹外，这种武器再也没有被使用过。冷战期间，尽管局部战争绵延不断，但始终未酿成世界大战，原因肯定是多方面的，但核武器的战略威慑作用是重要因素之一。

对于有核国家来说，核武器是国家综合国力的标志，也是维护国家安全的重要基石。特别是对于较弱小的国家，核武器是在复杂的国际环境中制衡超级大国、提升国际地位的重要手段。这也是有些中、小国家研发核武器的内在驱动力。而且，只要有核武器存在，这种驱动力就不会消失。

随着信息技术、精确制导技术等高技术的迅猛发展，世界正经历着一场新的军事革命。未来的战争是核威慑下的信息化战争，信息化、智能化、一体化将是未来武器装备发展的总趋势。在这种信息化战争的作战体系中，核武器将继续发挥其战略威慑作用，防止核战争和世界大战的爆发。

（二）打破核垄断，中国要有原子弹

回首战事连连的 20 世纪，其中最有名的是第二次世界大战末期美国悍然在日本的广岛、长崎投下两颗原子弹，原子弹的威力震惊了世界。核武器的出现使战争兵器发生了质的变化，从此，人类进行毁灭性战争的能力发展到了空前的高度。

由于核武器能给打击对象造成难以承受的毁伤，它一直是有核国家的最为隐秘的核心机密，被看成是克敌制胜的法宝，捍卫国家安全的基石。

20 世纪 50 年代初，刚刚诞生的中华人民共和国面临着帝国主义的经济封锁和军事威胁。这使中国人民懂得，中国需要和平，但和平需要实力的支撑。

关于原子弹的看法，毛泽东在延安的时候说过原子弹是纸老虎，但他并不否认原子弹的厉害。原子弹人家有了你没有，它就是真老虎。特别是新中国成立后，美帝国主义在朝鲜战争、越南战争时，凭借手中的核武器，耀武扬威，先后七次表示准备使用核武器，对我们进行核威慑和核讹诈。

形势逼着我们不得不考虑也要研制原子弹。

国际和平战士、法国杰出的物理学家约里奥-居里请即将回国的杨承宗转告毛泽东：“你们要反对原子弹，你们必须要有原子弹。”“中国要有原子弹”的命题，就这样提到了新中国领袖们的面前。

随着时间的推移，当年的一些秘密逐渐公诸于世，使我们得知了核武器研制、发展过程中一些故事。

（三）战略决策，开启中国核事业秘密历程

1955 年 1 月 15 日，是中华人民共和国历史上具有特殊意义的一天。这天下午，毛泽东在中南海颐年堂主持召开中共中央书记处扩大会议，作出了建立和发展我国原子能事业的战略决策。这是一个历史起点的标志，从此开始了我国核工业建设和核武器研制的艰巨而伟大的秘密历程。

这是一次绝密会议。会议没有文字记录，也没有拍摄照片，目前唯一可资佐证的是 1955 年 1 月 14 日周恩来总理在约见李四光、钱三强谈话

后写给毛主席的报告，以及 20 世纪 80 年代中期编写《当代中国的核工业》一书时，亲身经历这次会议前后过程的刘杰和钱三强的共同回忆。

这是中央专门讨论创建我国原子能事业的一次历史性重要会议。周总理为开好这次会议做了精心准备。会议前一天下午，总理邀地质学家李四光和核物理学家钱三强到中南海西花厅——他的办公室谈话，向李四光和钱三强详细询问了我国铀矿资源勘查情况和核科学技术研究情况、核反应堆和原子弹的基本原理，以及发展原子能事业所必须具备的条件。谈话时间较长，涉及内容很多。谈话间，总理发现李四光精神不好，面部有痛苦表情，说话不甚灵便，便问李是否病了，李答是牙痛。总理当即要李讲完意见后先走，抓紧去医院治疗。李四光当年 66 岁，钱三强 42 岁，相比之下，钱三强显得年富力强，精力充沛，对总理所提问题都能从容不迫地侃侃而答。薄一波、刘杰参加了那次谈话。刘杰还准备了一些相关的文件资料，呈请总理审阅。谈话结束时，总理告诉刘杰和钱三强，毛主席要召开中共中央书记处扩大会议，讨论我国发展原子能事业问题，要他们进一步做好汇报准备，到时还可带上铀矿石标本和探测仪器，以便现场演示。

客人离开西花厅后，总理当即亲自执笔向毛主席写了报告，附上有关文件，建议第二天（即 1 月 15 日）下午 3 时后开会，请李四光、钱三强来谈。对参加会议人员列了名单，除书记处外（当时书记处成员有毛主席、朱德、刘少奇、周恩来、陈云五人，朱德、陈云在外地视察，未参加此会），还建议彭真、彭德怀（未在北京，实际未参加）、邓小平、李富春、薄一波、刘杰参加。那个时候，按照毛主席的工作习惯，中央书记处经常安排在晚间开会，考虑到李四光年事已高，下午 3 时前要午睡，晚间身体支持不了，所以这次特意定在下午 3 时后。总理为此还对时间安排特地作了说明。从总理这份给主席的短短报告中，我们可以看到，总理对中共中央书记处扩大会议的安排是何等细致周到，对老科学家又是何等关切体贴。

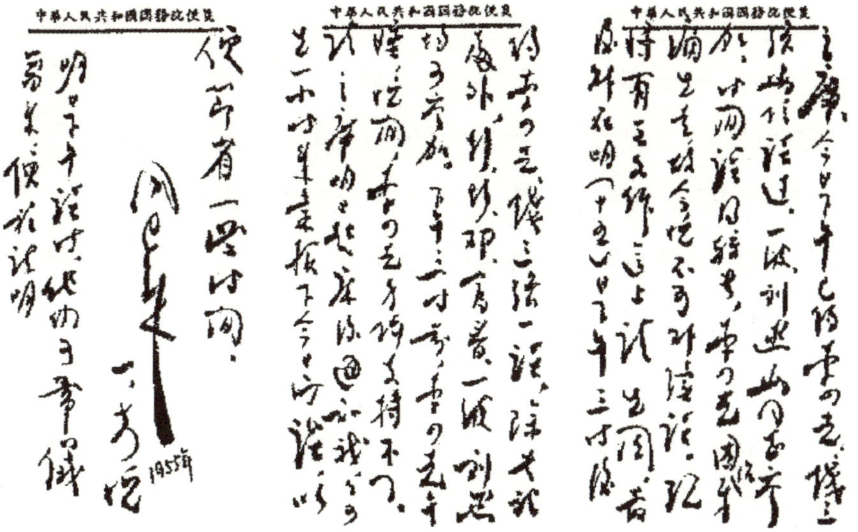

图2-17 1955年1月14日，周恩来写给毛主席为发展原子能事业召开中共中央书记处扩大会议的信

中共中央书记处扩大会议按时召开，毛主席亲自主持，在与会人员到齐后，即开宗明义地对两位科学家说：“今天，我们这些人当小学生，就原子能有关问题，请你们来上课。”

李四光首先表示赞同我国发展原子能事业，接着讲了铀矿资源与发展原子能事业的密切关系，分析中国有利于铀矿成矿的地质条件，并预测了中国的铀矿资源。按周总理提示，时任地质部党组书记、常务副部长的刘杰汇报

图2-18 铀矿石图片

了我国核科学研究人员、设备和铀矿地质资源情况，核反应堆、原子弹的原理和发展核技术所需要的条件等。刘杰介绍了在广西地区发现铀矿的经过，并向在场的领导展示了从广西采来的矿石标本。大家都很有兴趣。毛主席时而插话询问，时而点头称好。听完汇报，毛主席兴致勃勃地让科学家操作表演。

钱三强把用于探测放射性的盖革计数器的电源接上，拨动开关，指示灯亮着红光。当李四光把铀矿石靠近仪器时，指示灯闪着绿光。

当听到用于探测放射性的盖革计数器发出“嘎嘎”的响声时，与会领导都感到十分新奇和兴奋。

毛主席正在兴头上，目光突然从盖革计数器和铀矿石转投向钱三强。

“原子核是由中子和质子组成的吗？”毛主席问钱三强。

“是，是这样的，主席。”钱三强答道。

“那么，质子、中子又是由什么组成的呢？”毛主席又问。

“这个问题正在探索中。根据现在研究的成果，质子、中子是构成原子核的基本粒子。”钱三强认真地答道。

“所谓基本粒子，就是最小的，不可再分的。”钱三强接着说，“这是现在科学技术水平的认识。”

毛主席引用“一尺之棰，日取其半，万世不竭”的话阐明：“从哲学的观点看，物质是无限可分的。质子、中子、电子也应该是可分的哟！”毛主席自信地微笑着说：“一分为二，对立统一嘛！……你们不信，反正我信。”

钱三强又介绍了世界几个主要发达国家原子能发展的概况，和我国近几年开展原子能科学研究，聚集、培养科学技术人才的情况。他特别谈到，在原子能科学技术方面，目前我们虽然还很落后，但是有党和国家的支持和强有力的领导，有苏联的援助，我们有决心和信心赶上去。

毛主席高兴地说：“解放以来，我们训练了一些人，科学研究也有一定的基础，创造了一定的条件。过去几年其他事情很多，还来不及抓这件事。这件事总要抓。现在到时候了，该抓了。只要排上日程，认真抓一下，一定可以搞起来。”

汇报结束时，毛主席拉着刘杰的手说：“这是关系国家命运的大事，要好好干！”

多么语重心长，多么高瞻远瞩！虽然我国的物质技术基础还十分薄弱，但是面对帝国主义的核讹诈，发展原子能事业已刻不容缓。毛主席充满自信的话语，使在座的人深切感受到沉甸甸的使命感。

毛主席环视着大家，最后把信任的目光又落到钱三强身上，“苏联政府已经来信，愿意给我们积极的协助。这很好，我们要尽快把反应堆、加速器建造起来。”毛主席抽了一口香烟，接着说：“现在有苏联对我们援助，我们一定要搞好！”毛主席又强调一句：“我们自己干，也一定能干好！只要有人，又有资源，什么奇迹都可以创造出来！”

图 2-19　开业之石——我国采集的第一块铀矿石

毛主席的讲话分析了我国发展原子能事业的物质技术条件，表达了中央抓这件事掌握的时机和干这件事的战略决心。

会议开了 3 个多小时，结束时毛主席请大家到餐厅吃晚饭。上的是豆豉腊肉等 6 样湖南风味菜，荤素兼有；主食是大米饭加小米粥。毛主席平时不喝酒，那天格外高兴，准备了红葡萄酒，特意举杯向大家祝酒，站起来大声说："为我国原子能事业的发展干杯！"

一个创建我国原子能事业的战略决策就这样定了下来。当时抗美援朝战争刚刚结束，大规模经济建设刚刚开始，我国经济力量还十分薄弱，科学技术和工业基础还十分落后，在这样的历史背景下，毛泽东、周恩来等老一辈无产阶级革命家，高瞻远瞩，审时度势，以最大的魄力，毅然作出了创建我国原子能事业的战略决策，是很不容易的。

中南海的运筹谋划，像一记马鞭清脆地响起。原子能事业这匹骏马即将以昂扬的姿态奔赴征程。

历史证明，这个决策极其英明、无比正确。诚如 1988 年邓小平在谈到我国必须发展自己的高科技，在世界高科技领域占有一席之地时所特别指出的："如果 60 年代以来中国没有原子弹、氢弹，没有发射卫星，中国就不能叫有重要影响的大国，就没有现在这样的国际地位。"

周总理亲自组织实施

中共中央作出发展核工业的决定后，周恩来亲自组织实施。

1955 年 1 月 31 日，周恩来主持召开了国务院全体会议。会议就苏联部长会议 1 月 17 日关于苏联在促进原子能和平用途的研究方面给予其他国家以科学、技术和工业上帮助的声明进行了讨论，并通过了相应的决议。决议指出："由于帝国主义和封建主义的长期压迫，中国的科学和技术的发展是落后的，但是我们深信，在解放了的中国，它的科学家、工程师和工人们，在苏联的真正帮助下，一定能够迅速掌握、使用原子能的技术。”为了搞好苏联援助的研究性重水反应堆和回旋加速器的建设工作，1955 年 7 月 1 日，国务院决定设立国家建设委员会建筑技术局，刘伟任局长，负责建设包括上述“一堆一器”在内的新的核科研基地。

为使全国都来关心和重视原子能事业的建设，1954 年年底和 1955 年上半年，周恩来指示，要做好舆论宣传的先行工作，要让大家特别是领导干部懂得原子能的科学知识和应用。他要求中国科学院组织在北京的有关科学家和教授宣讲原子能的科普知识，首先要向中央和各部委的领导干部宣传，形成一个全国人民关心原子能事业的气氛。中国科学院很快成立了以吴有训副院长为首的“原子能知识普及讲座委员会”。近代物理所钱三强等 20 多位科学工作者和高等学校的教授们组成了宣传团，到北京和全国各地宣讲原子能和平利用的科普知识。在此基础上，出版了《原子能通俗讲话》一书，发行了 20 万册；还出版了赵忠尧、何泽慧、杨承宗主编的《原子能的原理和应用》。此外，还由杨澄中当顾问，在电影制片厂的合作下，拍摄了关于原子能的科普幻灯影片，配合宣传放映。

为了加强对原子能事业的领导，中共中央指定陈云、聂荣臻、薄一波组成三人小组，负责指导原子能事业发展工作。1955 年 7 月 4 日中共中央批文指出，今后凡有关原子能事业，除中央指定的三人小组向中央负责对原子能工作进行指导外，其具体业务由国务院第三办公室管理。国务院第三办公室设立了专门办事机构，直接指导国家建委建筑技术局、地质部第三局、近代物理所的工作，并组织协调各方面的关系。

党中央、国务院把发展原子能事业作为经济建设和国防建设的一项重要方针任务，列入国家长远发展规划。1956 年 1 月 14 日，周恩来在中共中央召开的关于知识分子问题会议上的报告中，强调指出发展原子能事业的重要意义。他说，“科学技术新发展中的最高峰是原子能的利用，原子能给人类提供了无比强大的新的动力源泉，给科学的各个部门开辟了崭新的远大前途。”同年上半年，在周恩来、陈毅、李富春、聂荣臻直接领导下制定的中国 1956 年到 1967 年科学技术发展远景规划，把原子能和平利用列为规划的第一项重点任务。中共第八次全国代表大会通过的关于发展国民经济第二个五年计划的建议，也把发展原子能事业作为经济建设的一项重要任务。

随着原子能事业的发展，1956 年 7 月 28 日，周恩来向党中央、毛主席报告，建议成立原子能事业部。同年 11 月 16 日，第一届全国人民代表大会常务委员会第五十一次会议通过决议，设立中华人民共和国第三机械工业部，1958 年 2 月 11 日，第一届全国人民代表大会第五次会议决定将第三机械工业部改名为第二机械工业部（简称二机部）。1982 年 5 月，国务院机构改革时，又改名为核工业部，具体组织领导我国核工业的建设和发展工作。首任部长宋任穷，副部长刘杰、袁成隆、刘伟、雷荣天、钱三强，部长助理张献金、何克希。他们以及后来的各届部长、副部长，为创建和发展我国核工业，进行了卓有成效的组织领导工作，付出了辛勤的劳动，作出了重要贡献。

由于我国原子能事业的迅速发展，急需抽调大批科技人员、工人和管理干部参加这一工作。中央有关部门从多方面采取了有效的措施。

第一，由刘杰、张劲夫、钱三强、黄松龄、李元相、唐宗愚、蒋南翔、江隆基等组成领导小组，以加强对培养原子能事业技术人才工作的领导。

第二，从 1955 年夏天开始，教育部在北京大学成立物理研究室（后改名为技术物理系），并调浙江大学胡济民、北京大学虞福春、东北人民大学朱光亚、复旦大学卢鹤绂负责组织筹办，由胡济民任主任。1956 年，清华大学开办工程物理系，由何东昌负责。钱三强协助同苏联方面联系解决教材及参观等问题。

1955—1958 年，教育部从各有关高等院校相近专业中，先后选调几百名高年级的学生，分别集中在北京大学、清华大学及兰州大学学习原子能专业知识；抽调部分政治素质和业务基础较好、专业相近的优秀教师进修原子能专业；聘请苏联专家来华讲学和培养师资力量。

第三，经国务院批准，由蒋南翔和钱三强负责，在苏联和东欧的中国留学生中挑选与核事业相近专业的学生百余名，学习核科学和核工程技术专业。

第四，近代物理所派科研和工程技术人员赴苏联实习。1955 年 10 月 19 日和 11 月 4 日，钱三强、冯麟率、彭桓武、何泽慧、黄祖洽、力一、连培生、谢羲、王传英、杨桢等 39 名科技工作者（包括在苏联留学生 13 人）组成的实习团，分两批赴苏联学习核反应堆、加速器的原理和操纵及其仪器制造和使用。

第五，为了加强对核科研和核工业建设的领导，由中共中央发出专门通知，从各地方、部门、军队抽调有较强组织能力和管理水平的领导骨干到核事业的各条战线上工作。

我国的核工业建设从 1955 年开始起步。当时国家科技和经济基础都很薄弱，而经济建设任务又很重，中共中央把经济建设和国防建设、常规武器和尖端武器之间的关系作了适当的安排，强调了原子能事业的建设，这是十分必要和完全正确的，是有远见、有胆略的一项伟大的战略决策。它体现了国家和民族的根本利益，反映了全国各族人民的共同愿望，因而得到了举国上下的一致拥护，同时也得到了世界人民的支持。

争取苏联援助

1955—1960 年，中国核工业的创建，曾得到苏联的技术援助。很多苏联科学工作者和专家，不辞辛苦，来到中国，积极热情地帮助工作，体现了国际主义精神。核工业贯彻执行中共中央关于“自力更生为主，争取外援为辅”的方针，强调把立足点主要放在自力更生的基础上，通过自己的科学研究和建设实践，培养人才，掌握技术。实践证明，这是一条正确的方针，使核工业从一开始，就走上了健康发展的道路。

自力更生为主，当然不是自我封闭、排除一切可能的外来援助。20 世纪 50 年代中期，当苏联表示愿意在核能和平利用的研究方面给予中国科学、技术和工业援助时，我国就积极争取了这种援助。从 1955 年到 1958 年，在核科学技术和核工业领域，中苏两国政府前后共签订了六个协定，援助的范围和内容逐步扩大，大体经历了三个阶段。

第一阶段，在铀矿普查勘探与核物理研究方面的合作和援助，中苏双方签订了三个协定。

20 世纪 50 年代中期，苏联核工业已有了相当的发展，为了获得更多的铀矿石，遂想同中国合作，在中国取得部分铀矿石。这时，我国已在广西等地相继发现铀矿物，也想从苏联引进先进技术和仪器设备，以便进一步全面开展铀矿普查勘探工作。于是经过多次谈判，于 1955 年 1 月 20 日，中苏两国政府签订了由两国合营，在中国境内进行铀矿普查勘探的协定。协定规定，对有工业价值的铀矿床，由中国方面组织开采，铀矿石除满足中国自己的发展需要外，其余均由苏联收购。到 1956 年，鉴于苏联已同意为中国建立原子能工业提供技术援助，中国自己发展核工业需要大量铀矿石，已不可能供给苏联铀矿石，于是又经两国政府商定，将双方在铀矿普查勘探方面的合作方式由原来的两国合营改为苏联提供技术援助，中国自主经营，并于当年 12 月 19 日重新签订了由苏联给予中国在铀矿普查勘探方面以技术援助的协定。

在核物理科学研究方面，中苏两国政府于 1955 年 4 月 27 日签订了关于苏联援助中国发展原子核物理研究与为国民经济需要利用原子能的协定。协定规定由苏联帮助中国建造一座功率为 7000 千瓦的研究性重水反应堆和一台直径为 1.2 米的回旋加速器。苏联援助的这座反应堆和加速器的建成，使我国核科学研究的技术装备有了显著改善，促进了我国第一个综合性的科研基地——原子能所的早日建成。

第二阶段，在核工业建设方面，两国政府签订了苏联援助中国建设原子能工业的协定。

我国对于建设自己的核工业是早有考虑的。1955 年 9 月，在薄一波主持下，起草了《关于我国制定原子能事业计划的一些意见》，同年 12 月，进一步修订成《关于 1956 年至 1967 年发展原子能事业计划大纲（草案）》（简称《大纲》）。《大纲》提出的方针是：“在苏联大力援助下，积极地建设我们自己的原子能工业，使我国以最近代的科学技术，发展国民经济，巩固国防。”《大纲》以建设一批生产和动力两用反应堆为中心，提出了创建我国核工业的设想。恰在此时，苏联原子能科学家代表团来中国访问，向我国科学界介绍不久前在日内瓦召开的国际和平利用原子能会议的情况，并了解中国发展原子能事业的规划。这个代表团在中国活动期间向周恩来表示，苏联准备给中国核工业建设以全面援助。中共中央和苏共中央在 1956 年 1 月和 2 月以书信方式就苏联援助中国建设核工业问题交换了意见。3 月，两国政府代表团就援建问题开始进行谈判。同年 8 月 17 日，两国政府签订了关于苏联援助中国建设原子能工业的协定。协定规定，苏联援助中国建设一批原子能工业项目和一批进行核科学技术研究用的实验室。

第三阶段，在核武器研制方面，中苏双方签订了关于国防新技术的协定。

中国发展核工业，当时的方针是首先用于军事目的。因此，当签订了苏联帮助中国建设原子能工业的协定之后，很自然地提出了下一步需要在核武器研制方面争取苏联援助的问题。1957 年 9 月，中国派出了以聂荣臻为团长，陈赓、宋任穷为副团长的中国政府代表团到莫斯科，同以苏联部长会议副主席别尔乌辛为首的苏联政府代表团进行谈判。同年 10 月 15 日，两国政府在莫斯科签订了关于国防新技术的协定。协定规定，为援助中国研制原子弹，苏联将向中国提供原子弹的教学模型和图纸资料。

同时，鉴于有些工业援助项目的建设规模以及向中国交付设计和设备的期限等在协定中都未作具体规定，因此在上述莫斯科会谈中，中国政府代表团进一步提出了这个问题。苏方当时表示没有准备好，留待以后再商谈。直到 1958 年 8 月，苏联政府才派代表团来北京商谈，并于同年 9 月 29 日与中国签订了关于 1956 年 8 月 17 日协定的补充协定。协定对每个项目的规模都有明确具体的规定，对项目设计完成期限和设备供应期限也都有大致的规定。多数项目的完成期限是 1959 年和 1960 年。

中苏之间签订的六个协定，使我国核工业建设有了有利的外部条件。在中共中央、国务院、中央军委的直接关怀和领导下，第二机械工业部调集力量，组建队伍，利用苏联的援助，使全国铀矿资源勘察、核科学技术研究和核工业建设工作迅速开展起来。二机部遵照中共中央的指示，工作中坚持“自力更生为主，争取外援为辅”的方针，强调要根据我国的实际情况进行建设，把学习与独创很好地结合起来；“边干边学，建成学会”，在建设实践中学习苏联提供的技术和经验，切实做好“消化、吸收”工作，逐步达到全面掌握。二机部的这些具体的工作方针，为中国核工业建设开辟了一条正确的道路。

苏联毁约

苏联的技术援助对中国核工业建设的起步起了重要作用。但是，苏联的援助从一开始就是有限度的，特别是尽量不提供军事应用方面的援助。随着中苏两党出现政治分歧，并进而扩大到国家关系的恶化，这种局部限制就演变为全面断绝援助。

早在 1957 年 10 月进行国防新技术的协定谈判时，苏联就拒绝向中国提供研制核潜艇的任何资料。在核武器方面，虽然协定规定苏联应向中国提供原子弹的教学模型和图纸资料，但事后苏方却以种种借口拖延不给。先是要求有专门的储存仓库，等到我国将专门仓库盖好后，又提出保密条件不够；而在我国采取相应的保密措施，苏联保密专家也表示满意后，苏方虽于 1958 年 10 月函复“模型及技术资料将于 11 月发至中华人民共和国”，但是到了限期，他们还是拖着不给。

正当中国组织好代表团准备就上述问题启程赴苏进行谈判时，1959 年 6 月 20 日苏共中央致中共中央的信到了。信中以当时苏联与美国、英国等西方国家正在谈判禁止核武器试验的协议、赫鲁晓夫与艾森豪威尔即将在戴维营举行会谈为理由，提出暂缓按协定向中国提供原子弹的教学模型和图纸资料，两年以后看形势发展再说。与此同时，有些在中国工作的苏联专家，也以回国休假为名而一去不返。许多迹象表明，赫鲁晓夫领导集团有可能全面撕毁协定，断绝对中国的技术援助。

1960 年 6 月 22 日，苏共中央向参加布加勒斯特会议的各国党代表团散发和宣读了苏共中央致中共中央的公开信，发起了对中国共产党的突然袭击。会议结束后，苏共领导把中苏两党关系的恶化，扩大到国家关系上。

1960年7月16日，苏联政府照会中国政府，他们决定自1960年7月28日到9月1日撤走全部在华苏联专家。而事实上，在中国国防尖端技术部门工作的苏联专家在上述照会之前就已经开始撤离了。7月6日，在北京核工程设计院工作的8名专家（其中6人是主任工程师）奉命提前回国；7月8日，正在兰州铀浓缩厂现场负责安装工作的5名专家也突然撤离。到8月23日，在中国核工业系统工作的233名苏联专家全部撤走回国，并带走了重要的图纸资料，设备材料的供应也随即停止。

至此，赫鲁晓夫领导集团就完全违背苏联人民的意愿，背信弃义，单方面全部撕毁了两国政府签订的关于援助中国建设原子能工业的协定和合同，给正在建设中的中国核工业造成了很大的损失和困难。

其一，在建设进度方面，一些即将建成的工程项目，由于苏联专家突然撤走，给我国增加了设备安装、调整、试运转和正式投产的困难，不得不因此推迟建成投产的时间。而另一些正处在土建施工高潮的工程项目，也由于苏联专家突然撤走，设备材料停止供应，使工程一时难以继续进行，被迫停工等待设备、材料，影响了整个建设进度。

其二，在工程设计方面，虽然有一部分项目苏联已经完成或基本完成，但是文件资料不完整，技术存疑、图纸差错的问题很多。特别是还有一部分工程项目的设计完成很少，而我国设计人员对其中许多核心技术又不掌握，因此不得不从头做起。

其三，在设备材料方面，苏联虽然已经供应了一部分，但是其中一般设备多，关键设备少，而且一般设备中多不配套，缺这少那的占多数。特别是按合同规定应提供的设备材料还有40%未到货，而其中多数又是关键设备和核心设备以及新型材料，造成不少工程无法形成生产能力，迫使我国不得不组织国内工厂从头研制，进行配套。

总之，由于苏联单方面撕毁协定和合同，突然撤走全部专家，并停止供应设备材料，给我国留下一批半截子工程。这不仅在工程设计、专用设备制造、新型材料供应以及生产准备等各方面，给我国核工业带来了很大困难，严重地影响了整个建设的进行，而且使我国在经济上受到很大的损失。

（四）两年规划，独立自主全面攻坚

苏联毁约停援后，中国核工业建设进入全面自力更生的新阶段。当时，国际上有人认为，苏联毁约停援是对中国核工业的毁灭性打击，从此中国将处于核技术真空状态，再过 20 年也搞不成原子弹。国内有些人也信心不足。

然而历史表明，他们完全估计错了。中国的核工业建设不但没有止步，相反，在中共中央、国务院的坚强领导下，在全国各部门、各地方以及人民解放军的大力协同和积极支援下，核工业战线的广大科技人员、干部、工人团结一致，艰苦奋斗，从 1960 年 9 月到 1964 年 10 月，仅仅用了 4 年多一点的时间，就建成了铀 -235 生产线，成功爆炸了第一颗原子弹装置，实现了从无到有的历史性突破，使中国成为一个有核国家，自立于世界民族之林。

迎着困难上

1960 年 7 月，苏联政府搞突然袭击，一个照会就把在华援助的苏联专家全部撤走，随后又停止供应一切技术设备和资料。与此同时，1960 年至 1962 年，我国国民经济出现了暂时的困难，已经全面铺开进行建设的几个核工业重点工厂又都处在最困难的地区，不仅建设物资供应困难，而且人们正常的生活供应难以保证。天灾人祸齐来，形势异常严峻，核工业建设遇到了巨大的困难。

面对困难，国防尖端技术事业是继续往前干，还是半途下马，就成为一个重大的问题。此时，国内有人认为搞国防尖端技术，困难太多、太大，应该放慢速度。还有少数人认为这方面花钱太多，会影响国民经济和其他部门的发展，主张停止搞导弹、原子弹等尖端武器。在这种情况下，1961 年 7 月，聂荣臻召集正在北戴河参加国防工业会议的国防尖端技术部门负责人进行研究，认为当时我国国防尖端技术已有了长足发展，只要坚持往前干，完全有可能在三五年或更长一些时间得到突破。这个意见报告了中央，立即得到毛主席、周恩来等人的同意。

三年突破，五年掌握，八年适当储备

就核工业来说，中央的指导思想和决心一直是明确的。早在 1959 年 6 月苏共中央来信后，中共中央就作了研究，决定不理赫鲁晓夫那一套，我们自己动手，从头摸起，准备用八年时间搞出原子弹。1960 年 7 月 18 日，毛主席在北戴河听取李富春汇报时又强调指出，要下决心搞尖端技术。赫鲁晓夫不给我们尖端技术，极好。如果给了，这个账是很难还的。根据中央的决策，二机部提出了核工业在新形势下的总任务是：三年突破，五年掌握，八年适当储备。具体要求是，争取在五年内（1960—1964 年）自力更生制成原子弹，并进行爆炸试验；在八年内有一定数量的储备。

核工业战线的广大职工坚决贯彻中央的精神，下定决心，排除万难，在极端困难的条件下，坚持把核工业建设搞上去。位于青海的西北核武器研制基地和位于甘肃戈壁滩上的酒泉原子能联合企业，不仅建设难度大，而且生活艰苦。当时，曾考虑这两个单位可多精简一些职工，以减轻负担。而这两个单位的主要领导人李觉、周秩等，想方设法保留队伍，维持局面，继续率领全体职工坚持战斗在施工现场。当生活上暂时遇到困难，粮食与土豆不够

吃、副食供应不足的时候，他们就打骆驼草子、开荒种地、打猎捕鱼，千方百计补充主、副食品。当时，中共中央、国务院对核工业战线广大职工的生活给予了巨大关怀。在最困难的 1960 年，粮食部一次就拨给西北三厂数百万斤黄豆。青海省政府给西北核武器研制基地调拨了 4 万只羊。商业部和中国人民解放军总后勤部在甘肃兰州成立了二级批发站，以加强西北地区特种部队和核工业等部门的生活资料供应工作。这些措施，有力地支援了核工业建设，对稳定核工业队伍、站稳脚跟起了重要的作用。

思想上、组织上和工作方法上的转变

苏联停援后，根据党中央的指示精神，二机部于 1960 年 8 月 9 日向下属单位发出“为在我国原子能事业中彻底实行自力更生方针而斗争”的电报指示，对苏联专家撤走后如何全面地实行自力更生的方针，作出了一系列部署。总的要求是，全体职工要坚决响应党中央“奋发图强、自力更生”的号召，从思想上、组织上和工作方法上来个大转变。电报强调指出，“苏联专家撤走，自然会给我们造成若干困难，并且势必延长一些建设的时间。但是，这也是一件大好事，它逼着我们非学会自力更生的本领不可。只要我们充分自觉地组织好这样一个转变，我们就一定能够有效地克服各种困难，就一定能够缩短这个由不能独立掌握到完全独立掌握的过程。”

二机部这个电报指示，进一步调动了核工业战线广大干部和群众建设核工业的积极性。大家纷纷表示，要发奋图强，钻研技术，埋头苦干，非争这口气不可，一定要自力更生地把核工业搞上去。1960 年 8 月和 12 月，二机部两次召开有各厂、矿、地质大队和各科研设计单位领导干部参加的工作会议，具体分析了苏联毁约停援后我国核工业建设的形势，明确提出了“自力更生，过技术关，质量第一，安全第一”的工作方针及各项原则与措施。苏联专家全部撤走后，重点工程建设项目不仅没有停顿，还加快了前进的步伐。

在指导思想和工作方法上，明确以围攻技术难关为二机部的工作重心，加强了对技术工作的领导。一是高度集中地使用有限的技术力量，采取科研（设计）、基建、生产和领导、技术人员、工人两种“三结合”方式，围绕技术难关实行总体战，坚决改变过去那种由于配合苏联专家工作而形成的互相割裂的组织形式与工作方式。二是充分发挥技术干部的作用，减少他们的非技术性工作和活动，以保证他们有充分的时间和便利的条件，从事技术攻关。三是为确保质量与安全，对进口的设备仪器和特殊材料，从运输、保管到安装调试运行，都精心组织，谨慎从事。四是对重大技术问题的研究，坚决贯彻“摸着石头过河，稳扎稳打”的精神，一切经过试验，不打无把握之仗，不准盲目蛮干。根据这些指导思想和工作部署，我国核工业建设迅速走上了全面自力更生的轨道。

摸清底细，站稳脚跟，继续前进

核工业建设实行全面自力更生，面临着很多困难。归纳起来主要有两大问题：一是对核工业建设的客观规律认识得还不够；二是科技力量、工业基础与核工业建设要求不完全适应。因此，如何解决好这两个问题，就成为当时能否把核工业建设推向前进的关键所在。

1961 年 1 月，在中国共产党召开的八届九中全会上，毛主席号召全党要大兴调查研究之风，做到“情况明、决心大、方法对”，这给核工业战线以很大的启迪。为了摸清核工业各条战线存在的具体问题，避免决策失误，二机部提出了要“摸清底细、站稳脚跟”的口号。并由部、局领导率领和组织了十几个工作组，近 500 人，到基层蹲点，调查研究，总结经验。其中着重帮助五个重点建设单位，以质量检查为中心，摸清工程质量的底。检查中发现了不少的问题，其中包括工程中的质量问题和工艺上的疑难问题，但在主厂房和主工艺方面，没有发现致命性的质量问题。通过对工程质量的认真检查和严肃处理，使广大职工受到了一次深入的“质量第一、安全第一”的思想教育，消除了隐患，加强了管理。

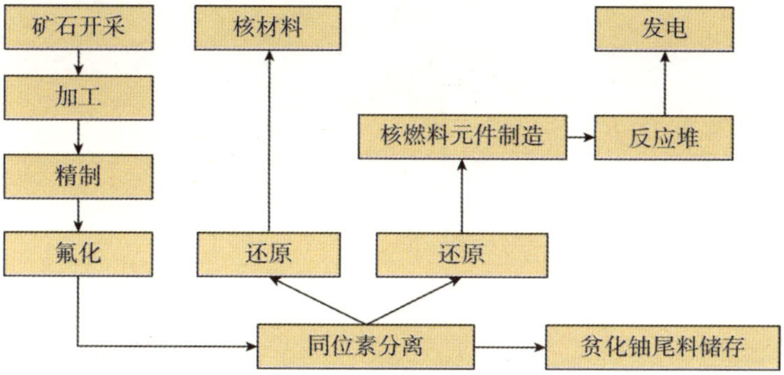

图2-20 铀-235的生产流程

与此同时，核工业各单位还普遍开展了“清力量、清资料、清设备、清材料”的活动，把几个方面的家底摸清楚，从而能够更准确地提出工作要求。此外，还深入地分析了本单位的工艺和生产特点，认识其特殊规律，以便按照实际情况进行建设和管理。如铀浓缩厂通过分析，认识到本厂的生产工艺不仅级联庞大，设备多，管线长，而且工作介质是带放射性、强腐蚀性的六氟化铀气体，从而带来了对工艺及设备、管道的高度密封、耐腐蚀和高清洁度等严格要求。这就使主观认识更加符合客观实际，也就更能掌握工作的主动权。在摸清各方面底细的同时，二机部领导还强调要用顽强的革命精神攻克技术难关。各科研单位、工厂、矿山、地质队都发动群众，排关、摸关，确定工程建设和生产准备中的技术难关，然后在此基础上制定攻关计划。遇到攻关技术力量不足时，就实行“三结合”“一元化”“总体战”等措施，集中优势兵力打歼灭战，一个一个地去突破。这样就使矛盾逐步转化，对核工程技术从不掌握到局部掌握再到完全掌握，从而推动整个建设工作向前发展。

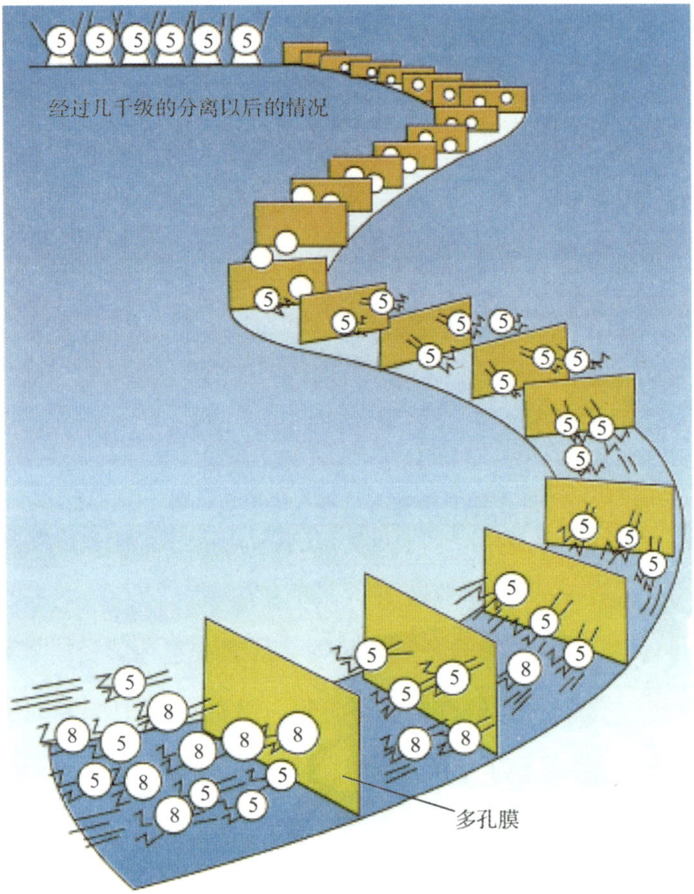

5代表铀-235；8代表铀-238

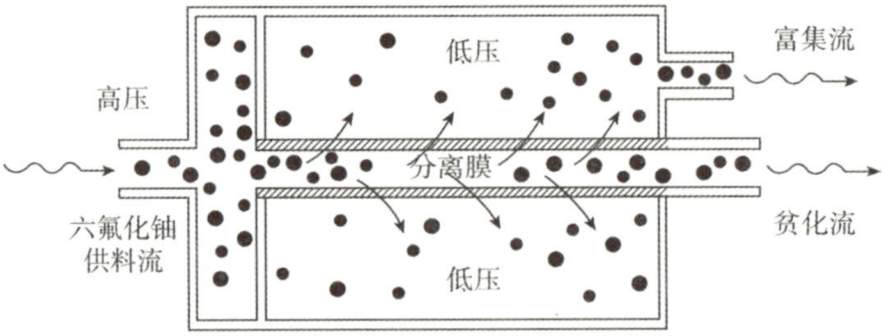

气体扩散同位素分离法的一个扩散级

图 2-21 铀同位素气体扩散分离法原理图

调整科研工作部署

为了集中力量突破原子弹技术难关，1960年年初，二机部向中央请求，从中国科学院和全国各地区、各部门选调了郭永怀、程开甲、陈能宽、龙文光等105名高、中级科学研究和工程技术人员。同时，又将原子能所的王淦昌、彭桓武等一批高级研究人员调到北京核武器研究所。这批科学家和工程师会同先期参加核武器研制工作的朱光亚、邓稼先等人，基本形成了中国核武器研制工作的骨干力量。在工作安排上，要求科研单位，首先是原子能所，要转向为核武器研制和核工业建设服务的轨道。从1960年开始，原子能所即进行了原子弹点火中子源的研制、氢弹的预研，配合核武器研究所对原子弹的研究设计，进行了对裂变反应有关数据的测定，原子弹某些部件加工过程的物理检验以及各种放射性测量方法及标准的建立等工作。原子能所和铀矿选冶研究所还为工厂、矿山的建

图2-22 铀同位素气体分离扩散大厅

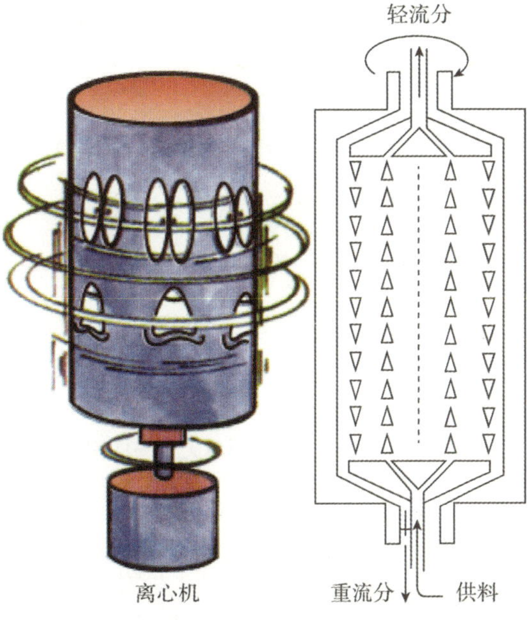

图2-23 铀同位素离心分离法原理示意图

设，协同进行技术攻关，在确定工艺流程和各种技术参数，培训生产运行人员，建立核燃料分析方法等方面做了大量工作。

中共中央《关于加强原子能工业建设若干问题的决定》

通过开展调查研究、摸清底细以及开展技术攻关等活动，初步解决了对核工业规律性的认识和使核工业自身科技力量更好地适应建设要求的问题。但是，核工业的建设仅仅依靠核工业部门的力量显然是不够的。核工业的建设和发展，是一个国家技术经济实力的一种反映，是建立在全国的技术经济基础之上的，因而也必须依靠全国的协作。1961 年 5 月 8 日，二机部向中共中央呈送了《关于当前若干问题的请示报告》，详细汇报了核工业建设工作的进展情况、存在的困难和问题，提出了若干建议和请求。中共中央对这个报告进行了认真的研究，于同年 7 月 16 日作出了《关于加强原子能工业建设若干问题的决定》(简称《决定》)。

《决定》指出:“为了自力更生突破原子能技术，加强我国原子能工业建设，中央认为有必要进一步缩短战线，集中力量，加强各有关方面对原子能工业建设的支援。”为此，中央决定采取以下四项措施。

一是加强核工业的技术力量和领导力量。从全国抽调一批高级科学研究人员、工业技术骨干和行政领导干部参加核工业建设；由教育部确定几个重点院校的科系，专门培养核工业所需的专业干部；由有关工业部拨给一个技工学校、一个中等技术学校和一个竖井队。

二是加强核工业所需设备、仪表的生产、试制和配套。拨给二机部几个基础较好的机械、仪表工厂，同时指定一批工厂在安排生产任务时，应首先满足核工业建设的需要；责成二机部筹划扩建和新建必要的专业性工厂。

三是关于工业卫生和防护医疗问题。在卫生部建立放射卫生医疗防护管理局，开展核工业的防护卫生工作；调给核工业系统一批科研、医疗技术骨干；在核工业职工医院未建成之前，指定北京的一个医院接收核工业系统的病员；拨给核工业系统一座较大的疗养院；保证核工业医疗单位的药品和医疗器材的供应。

四是为了保密和保证运输及时，将核工业系统的物资运输一律列为军运。

《决定》最后要求二机部“加倍努力，加强协作，战胜困难，完成原子能工业建设的任务”。

中共中央的决定，有力地推动了各有关方面对核工业建设的支援。各有关部门都以大局为重，发扬社会主义大协作的精神，把困难留给自己，把方便让给核工业，积极从人力、物力以及工作安排上优先支援核工业建设。

组织攻关，掌握原子弹的基本理论和关键技术

原子弹研制是一项涉及多种学科、综合性很强的工作，需要有多种专业、高水平的科技人员通力协作。中央从全国各部门、各地区、各大专院校和科研单位调集一批高、中级研究人员和工程技术人员，充实北京核武器研究所。他们利用当时的简陋条件，从理论物理、爆轰物理、中子物理、金属物理和弹体弹道等几个方面进行研究试验。二机部周密地组织了试验条件的创造、力量的分配、部内外的协作等。进行爆轰物理试验，当时核武器研究所没有场地，就与人民解放军工程兵协商，借用了北京郊区的靶场。中子物理研究试验，则利用了原子能所的仪器设备，并与原子能所部分科研人员合作开展。考虑到原子弹的核部件制造工序多、困难大，需及早研究，于是把核部件生产厂负责部件加工的有关人员集中到北京核武器

研究所，一起联合攻关探索。原子弹攻关，最关键的是要掌握基本理论和关键技术。二机部领导和北京核武器研究所始终把这项工作作为重点来抓，宋任穷和刘杰就曾多次到北京核武器研究所理论部检查指导工作。宋任穷鼓励理论研究人员一定要争口气，把原子弹搞出来。从事理论研究的人员，没有辜负党和人民的期望和重托，加紧了理论计算。经过一年多时间的反复计算和验证，终于取得了大量有价值的数据，同时，对各种物质之间的相互作用，也建立起清晰的物理图像；对压紧过程有了透彻的了解，使原子弹理论设计工作取得了重要进展。原子弹的攻关工作，自 1960 年开始组织力量探索科学规律，于 1961 年年初进入了必须确定基本理论和关键技术的重要阶段。在这重要的时期，必须对已做过的大量探索性研究和实验结果进行全面的分析，以便在已有认识的基础上，明确归纳出若干关键技术和理论问题进行深入研究，求得集中突破。到 1962 年年底，在理论上通过大量的计算和分析，对浓缩铀作为内爆型原子弹核装料的动作规律与性能有了比较系统的了解；在实验方面，基本上掌握了获得内爆的重要手段及其主要规律和实验技术；大致掌握了炸药工艺和核材料精炼、成型工艺，并制成了全套的自动控制系统。同时，对核航弹的弹体设计与弹道规律也有了全面的理解，基本上按原定计划完成了一种理论设计和爆轰物理试验、飞行弹道试验、引爆控制系统台架试验三大试验，为原子弹的模拟试验和原子弹产品技术设计，提供了必要的技术准备。

毛主席在《论十大关系》的讲话中信心十足地指出："我们现在已经比过去强，以后还要比现在强，不但要有更多的飞机和大炮，而且还要有原子弹。在今天的世界上，我们要不受人家欺负，就不能没有这个东西。"

从无到有的历史性突破

原子弹是第二次世界大战末期出现的新式武器。由于它威力空前巨大，一经使用就震撼了世界。从那时起，原子弹就成为了超级大国称霸世界的工具。超级大国为了维持自己的核垄断地位，对原子弹制造技术绝对保密。中国要研制原子弹，一无模型，二无图纸，三无资料。原子弹到底是个什么样，全靠自己从头摸起。

原子弹能否研制成功，关键在于有没有一支在政治上和技术上都过硬的专业队伍。20 世纪 50 年代末、60 年代初，在中央的支持下，核工业部门从全国四面八方选调了一批优秀的科学技术人员和技术工人，逐步形成了这样一支专业队伍。其中有像王淦昌、彭桓武、郭永怀、姜圣阶这些在学术上造诣高深、成就卓著、蜚声国内外的老科学家、老专家；有像朱光亚、邓稼先、陈能宽、周光召、于敏、胡仁宇、胡思得这些在科学技术上受过严格训练、成绩突出、思维敏捷、年富力强的中青年科技人员；还有一大批在生产上技艺高超、经验丰富的老技师、老工人和聪明勇敢、技术熟练的青年技工。他们虽然没有从事过原子弹的研制工作，但是为了祖国的国防现代化事业和打破超级大国的核垄断和核讹诈，他们都能听从组织调动，怀着为国争光、以身许国的壮志豪情，毅然放弃自己熟悉的专业工作和优越的城市生活，有的从国外回归祖国，有的从大城市走向戈壁荒漠和草原深处，为探索原子弹的秘密而忘我地奋力拼搏。

研制原子弹是一项庞大的系统工程，涉及许多技术领域和生产部门。比如，原子弹的巨大威力源于核裂变反应，核裂变反应需要核裂变材料，这种材料主要是铀和钚。

铀 -235 在天然铀中只占 0.714%，钚 -239 是人造放射性核素。为了获取这种材料，就需要建立从铀矿普查勘探到开采水冶，从铀精制氟化到铀同位素分离，从核燃料元件制造到反应堆生产钚以及化工后处理等的一整套工业体系。没有这样一个工业体系，制造原子弹也就无从谈起。因此，研制原子弹不仅是一种新式武器的研究设计和加工制造，而且还是一门新兴工业和生产能力的建立。我国从 20 世纪 50 年代开始，经过十年左右的努力，克服了许多艰难险阻，终于建立起自己的核燃料工业体系，为核武器的发展和核能的和平利用奠定了物质技术基础。

研制原子弹要克服许多技术难关。

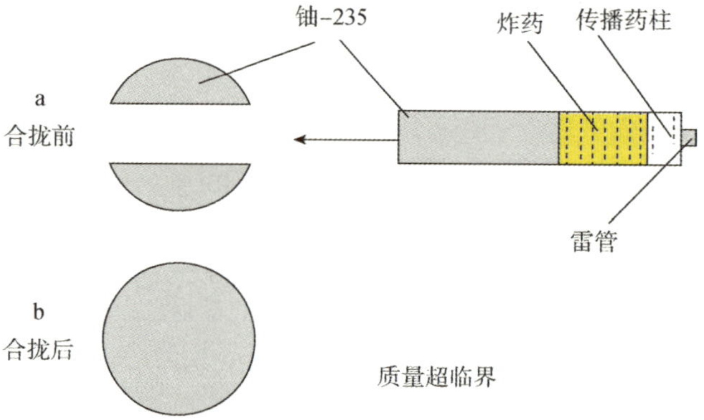

图 2-24 枪法原理图

首先是理论设计关。原子弹有“枪法”和“内爆法”两种方法使核装料达到超临界状态，从而实现核爆炸。“枪法”技术上比较容易做到，但耗费核材料多；“内爆法”技术先进，耗核材料少，精度高，但难度大。为了使我国原子弹技术有一个高起点，理论研究人员选定了“内爆法”作为自己的主攻方向。当时，国内还没有高速计算机，研究人员硬是用手摇计算机和电动台式计算机，日夜三班倒地进行计算、分析和验证，摸清了“内爆”核材料压紧过程的规律，为理论设计提供了可靠依据。

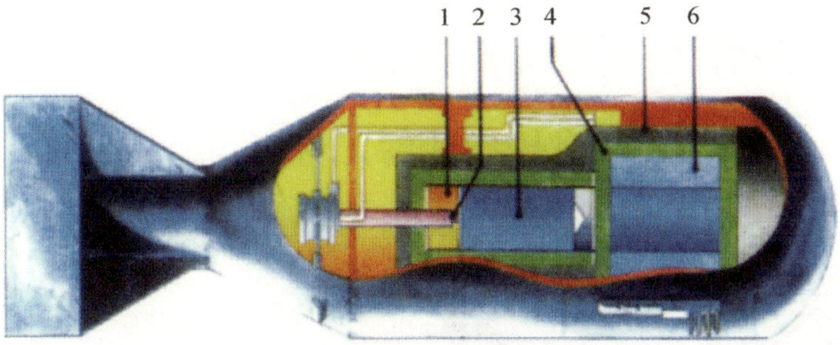

1. 火药包；2. 起爆头；3, 6. 铀 -235 部件；4. 中子反射层；5. 铸造的弹壳

图 2-25 内爆法原理图

其次是爆轰试验关。理论设计选定“内爆法”之后，能否获得符合“内爆”所需的波形，便成为实现这一方案的关键。爆轰物理研究人员围绕波形问题，开展了起爆元件的设计和波形会聚流体力学过程的研究，进行了上千次的爆轰试验，并相应地研究和掌握了各种测试技术，满足了理论设计的需要。而在理论设计完成后，爆轰物理研究人员又配合原子弹的技术设计，开展了大型爆轰试验，验证理论设计，并同时解决相应的测试技术问题。

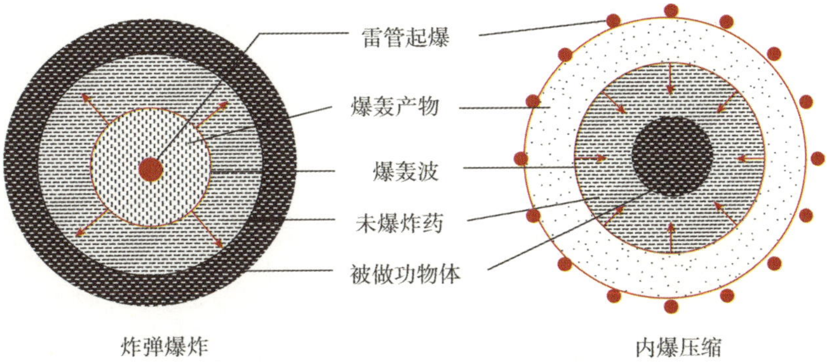

图 2-26 普通炸弹散心爆轰波与“内爆法”原子弹聚心爆轰波压缩比较

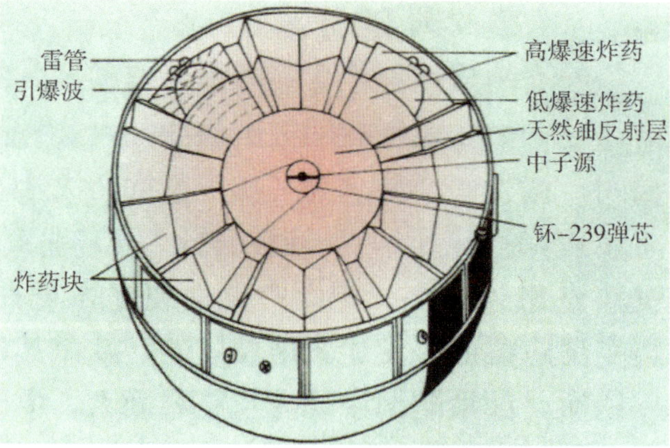

图 2-27 “内爆法”原子弹炸药透镜示意图

再次是技术设计和制造关。当原子弹所需的雷管、炸药、核部件、中子源、引爆控制装置等技术问题陆续解决后，如何把这些元器件、部件、组件按照一定结构组合起来，使其成为一种可用的武器，又成为原子弹研制的关键环节。工程技术设计人员根据爆轰试验的需要，进行了各种不同试验装置的结构设计，并结合以后武器化的要求，开展了原子弹的装置结构设计和武器总体布局设计，以及制造工艺的研究设计，为最后突破原子弹的制造技术创造了必要的条件。

这样，经过 1960 年至 1962 年这三年艰苦工作的积累，研制原子弹的一系列关键技术开始被突破和掌握，整个研制工作由量变开始转向质变，通往胜利的道路已经看得比较清楚。

提出“两年规划”

当时负责研制任务的二机部经反复研究和仔细推敲，并最后经国防工业办公室主任罗瑞卿审定，于 1962 年 9 月 11 日向中共中央呈报了关于争取 1964 年、最迟 1965 年爆炸我国第一颗原子弹的报告。尔后，中共中央政治局听取了国防工业办公室的汇报，毛主席于 11 月 3 日在罗瑞卿《关于加强原子能工业领导问题的报告》上批示:“很好，照办。要大力协同做好这件工作。”

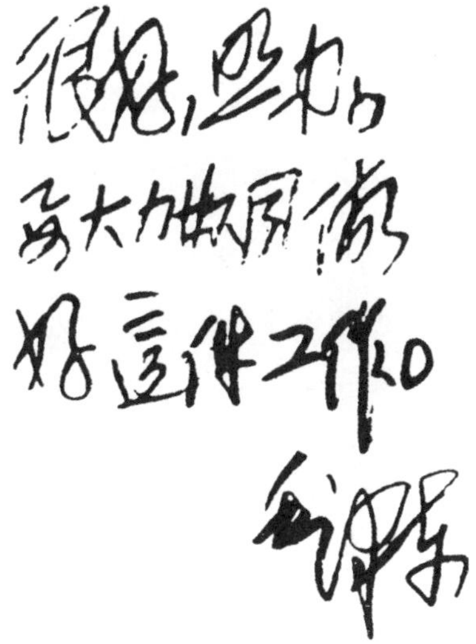

图 2-28 毛泽东在罗瑞卿《关于加强原子能工业领导问题的报告》上的批示

为了加强领导、组织实施，中央成立了以周恩来总理为首、包括聂荣臻等的 15 人专门委员会，负责组织和领导“两弹一星”的研制工作。

1962 年 12 月 4 日，在西花厅举行由周总理主持的中央专委会，审议和批准了二机部提出的研制原子弹的两年规划。二机部部长刘杰，副部长、原子能所所长钱三强等同志，汇报了原子能工业生产的建设情况和研制原子弹的两年规划，九所副所长朱光亚作了补充。会议从上午开到下午。周总理请大家吃午饭。在会议厅背后的小餐厅里，摆了两张大圆桌，每桌都是一大盆肉丸子熬白菜和豆腐，四周摆几小碟咸菜和烧饼。周总理及其他中央领导和科学家们同桌就餐。周总理一边吃饭一边接待一个又一个同志的工作汇报。席间，余秋里同志讲：“这种大盆菜是总理倡导的国务院的传统饭菜。”周总理朗朗笑语道：“这种大盆菜，既有营养，又很方便嘛！”

会上，周总理作了重要指示，他强调说：“二机部的工作必须有高度的政治思想性，高度的科学计划性，高度的组织纪律性。”最后他讲了四点共十六个字——实事求是，循序而进，坚持不懈，戒骄戒躁。

在周恩来和中央专委的领导下，围绕我国第一颗原子弹的攻关项目，党政军民、各行各业、有关部委、有关地区，都为核事业大开“绿灯”。先后有中国科学院、冶金部、化工部、机械部、航空部、电子部等 26 个部委

（院），20 个省、市、自治区，包括 900 多家工厂、科研机构、大专院校共同参与，开始了一场全国范围的大会战。

从此，原子弹研制进入了一个决战阶段。二机部各研究所、设计院和厂矿企业都争分夺秒，紧张工作；各有关部门和有关地方大力协同，积极配合，使整个工作出现了势如破竹、节节胜利的局面。

汇集大草原，鏖战金银滩

我国对原子弹的研制，虽在核装料方面有了准备，但要使“两年规划”如期实现，还有很多问题有待解决。

第一颗原子弹的攻坚战就在这里展开。

核武器研制基地选址

从青海省西宁火车站，顺着探求黄河源头的路线继续西行，陡度越来越大，在巴燕路段，两个蒸汽机车火车头，一前一后，硬把列车绕了整整 360° 。一个旋进大圆圈，又拉又推地旋驶到青海湖畔海晏县的三角城。下了火车，再向西北方向行进，便来到平均海拔 3200 米的海北藏族自治州。这里高原缺氧，风沙很大，气候变化无常，六月里还经常飞扬着雪花，下着大冰雹。茫茫草原，人烟稀少。一部由著名导演凌子风执导，拍摄于 1957 年的电影《金银滩》，正是描写这金银滩上所发生的农奴翻身得解放的故事。这部主题和内容都值得称道的好电影，却在上映仅仅半年，就被一道“停止放映”的通知，在全国停止播放。禁映的谜团随着影片拷贝一起被尘封在库房深处。其实，禁映是李觉将军的一个电话引起的。李觉将军原是西藏军区副司令员，他很熟悉青海这个地方，当时又是九所所长。

选址的同志刚到张掖，突然接到李觉的电话：“你们也到青海的金银滩看看。”没想到，看到这一望无际的绿茵上开满花朵的大草原，苏联专家大加赞赏说：“好地方，好地方！”

在中国再也找不到比这里更好的基地厂址了。就这样，金银滩方圆一千多平方公里的土地变成军事禁区。一个警卫团，八个哨所，还有一个骑兵连，日夜守卫这块金银滩。自然，这个神秘的地方也不能在电影银幕上宣扬了。

也许是“金银”二字的地名和中国的核事业有缘。两年前，勘探人员在金银寨找到了比金银贵重无数倍的丰富的矿藏；两年后金银滩独特地理位置和极适合于研制核武器所必须进行的各种多门类、多学科科学试验的优越自然条件，注定它的命运将和中国核武器事业紧密相连。

抢建二二一基地

为了迎接第一颗原子弹攻坚战大部队的到来，1958 年，二机部部长宋任穷，点将九所所长李觉将军负责筹建核武器研究基地，这就是后来的二二一基地。

这时的核研究基地，还只是一片茫茫草原，没有房子、没有电灯、没有自来水、没有公路、没有铁路……在这一片古老的草地上，要建起高楼，要有水厂、要有电厂、要有公路、要通火车……要变成研制原子弹的现代化科研基地。万事开头难呀！“干，不会可以从干中学！”想到这么大的困难，李将军反而斩钉截铁地表现出他的决心和胆略。

是年 8 月，李觉将军带领 20 多人和 3 顶帐篷，进驻金银滩，开始二二一核武器研制基地的艰苦创业。

李将军自从肩负核武器研制行政负责人的重担后，坚持每周利用周末的半天时间请技术人员给他上课，除了出差等特殊情况无法实行以外，从不间断。他利用向科学家、技术人员学习的机会，既学了专业知识，又交了朋友。他军人气质鲜明、水平高、有风度、待人宽厚，同朱光亚、王淦昌、彭桓武、郭永怀等几位专家相处得很好，经常在一块儿商讨技术上的关键点，促膝谈心，无话不说。他同年轻的大学生也非常亲近。

到了 1962 年年底，第一颗原子弹的爆轰试验已取得很大进展，理论设计和结构设计也已接近定案。原子弹的大型爆轰试验已是迫在眉睫。北京郊外长城脚下的 17 号工地已经不能满足大型爆轰研究和试验技术发展的要求。不仅需要较大的试验场地和碉堡，还要更新各种仪器设备。

茫茫的青海大草原，在李觉任总指挥的“先遣部队”和建工部、交通部、工程兵、铁道部、水电部、邮电部等下属的数十个单位，数万名精兵强将的艰苦努力下，克服了重重困难，建造了用于进行爆轰试验的大型碉堡和试验场地。可满足大型高速转镜照相机、光、电、X 射线、核参数等多种测试技术要求的爆轰试验场 608、614 工号建起来了。大型发电厂、水厂也建起来了。专线铁路通到厂区，公路纵横交错……居住、办公和实验大楼一幢幢盖起来了。一座座工厂、车间布置完成，仪器、设备也大多数安放就位，等待大批科技人员调试。雄伟壮观、气势恢宏的现代化国防科研生产基地建设起来了。

高原的“原子城”，白天，车水马龙；夜晚，灯火辉煌。

古老的大草原，旧貌换新颜。

一场原子弹攻坚战的号角就要吹响了！

汇集大西北，进行大会战

1963 年 3 月，在一个春光明媚的晴朗天，西进攻坚的创业者们汇集在当时的北京铁道部干校礼堂。他们当中有著名的科学家，更多的是年轻的科技人员。身经百战又擅长挥毫泼墨和赋诗作词的中国人民解放军副总参谋长张爱萍上将走上讲台，作了一个激动人心的动员报告。他精辟地讲了进军大草原的意义、工作和生活条件后，引用古诗赞美大草原“天苍苍、野茫茫，风吹草低见牛羊”的优美诗句。紧接着，他把古人描写大西北征战的苍凉诗句改为激昂奋发的战斗进行曲，大声朗诵：“时代不同了，春风已度玉门关，西出阳关有故人。”号召青年们愉快地奔赴大西北核武器试验基地，承担打造中华民族核盾牌的历史重任。

豪迈的语言、崇高的理想、远大的抱负，在热血青年们的胸膛汹涌激荡。但是，他们毕竟是血肉之躯，有思想、有感情。为了光辉的事业，他们可以舍弃普通人应当拥有的一切，经受创业之苦，攻关之艰。但是，他们还有家庭，有父母、兄弟，有的已有妻子、儿女。更多的是有女朋友和还没有对象的单身汉。

动员大会之后，王淦昌与青年们娓娓而谈：“应该到草原去呀，年轻人应该到艰苦的地方干一番事业。我在年轻的时候跑了许多地方。1954 年在云南落雪山的高山宇宙线实验站工作也是海拔 3200 米。我们这些搞核武器的人，需要把全部身心投入到工作中去。必要时，就需要作出牺牲。”这是科学家的心声，他的脉搏紧紧地随着国家命运的大动脉跳动，同时，又牵动着一颗颗年轻人的心。1963 年秋，九所完成西进搬迁。大批科技人员从北京搬迁到青海高原的金银滩。来自全国各地的大学生也纷纷到来。他们带着对我国核技术最纯真、最强烈的爱西奔而来。为了对外联系，二二一基地在西宁设有一个招待所和办事处。新来的大学生，都要经过西宁办事处再次审查，符合条件者开具入厂证。由于二二一基地厂区住房有的还在建筑当中，大批大学生只好暂住西宁。西宁小楼招待所住满了大学生，西宁杨家庄供家属住的临时平房也住满了大学生，西宁宾馆的客房除留几套应付临时来客外也几乎被大学生住满了。

“所长，一下子来这么多人，住房紧缺怎么办？”管理后勤的负责人来找李觉。

“把我的办公桌、行李都搬到帐篷。”李觉回答说。

“动员机关和处以上干部将办公室和宿舍都倒出来。给科技人员用，给新来的大学生住。”

“帐篷不够，再到部队借一些。”

李觉将军以身作则的果断行为，使科技人员大为钦佩。

王淦昌、陈能宽这些科学家们也聚集到草原来。

年过56岁的王淦昌，怀着崇高的夙愿，谎称“去西安工作”，与妻子、儿女告别。

中国当时的物质、技术基础还十分薄弱，现代化水平很低，土法上马，手工操作……也许隐含着更多的危险。这一点陈能宽懂得，而且深知。但陈能宽更加懂得：“新中国虽然政治上站起来了。但军事上受人欺侮，经济上被人封锁，外交上不被某些大国承认，甚至有人以核讹诈威胁我们。形势是异常严峻的。为了自立于世界民族之林，我们被迫研制原子弹。”这就是“明知山有虎，偏向虎山行”，这就是100多年来外虏侵略的历史，给中国人民心中留下永远抹不掉的忧患意识，但也激起了自立于世界民族之林的民族自豪感、自尊心、自信心以及由此而生的科学态度和负责精神。

在行政领导的感召下，在科学家的带领下，年轻的大学生们似乎把对亲人的惦念也都忘记了，把生活上的困难和高原缺氧的不适应也淡忘了。大家全力以赴投入紧张的工作中。

图 2-29　西北核武器研制基地

经中央专委批准，又一批技术骨干也陆续到达草原。理论研究和数学研究的大部分人员留在北京，但胡思得等直接参加第一颗原子弹理论设计的一部分人员也来到草原，深入到生产、实验第一线。各个方面的人员都纷至沓来，理论设计、结构设计，爆轰试验，机械加工，炸药生产，还有电厂、水厂，医院、交通、邮电通信、商业服务……大家在被铁丝网围起来，有警卫站岗、骑兵巡逻的封闭“小社会”里安营扎寨、秣马厉兵。

图 2-30　我国第一个核武器研制基地纪念碑

596 进入全面攻坚阶段

由于苏联 1959 年 6 月撕毁协定、撤走专家而取代号为“596”的我国第一颗原子弹（争气弹）的研制工作进入了全面总攻阶段。

这时的核武器研究所，已由原来的第二机械工业部第九研究所改为第九研究院。王淦昌、彭桓武、郭永怀等科学家由原来的九所副所长被任命为九院副院长，陈能宽也被任命为副院长。其他行政领导也相应做了新的任命。原来只有两个部，即理论部和实验部，也发展成为理论部、实验部、设计部、

第一生产部和第二生产部五个部。各个部都有专家分管把关。其他还有配套的供电、供水、邮电通信、百货粮油食杂等商业服务和铁路、公路交通运输……成为了一个五脏齐全的社会实体。

原子弹是一个多学科、牵涉千军万马、庞大而复杂的系统工程。它集中了全国很多部委、很多省市、数百家单位的精兵强将和优势力量。毛主席一再强调，“要大力协同，做好这件工作”，并多次亲自主持会议，缜密部署。成立以周恩来为主任的专门委员会，经过周密研究，制定一系列重大方针、政策、原则和措施。在党中央统一领导下，全国一盘棋，集中攻关，表现了社会主义中国攻克尖端科技难关的伟大创造力量。周总理则一再叮咛，要“严肃认真，周到细致，稳妥可靠，万无一失”。这十六个字成为大家研制原子弹的工作原则。二二一厂厂长吴际霖一再强调：“我们就是加工一个螺丝钉，剪一根导线，都要和保证打响‘596’联系在一起。”

如果说在北京土城墙脚下和 17 号工地，九院人悄悄地拉开了核武器研制工作的序幕，那么，现在，在一望无垠广袤的大草原这个大舞台上，将上演一场威武壮观的大戏。

这个阶段的工作是真刀真枪，刺刀见红。第一颗原子弹的聚焦元件要最后调试定型，内爆压紧的动力学过程的力学参数、物理图像、流体力学不稳定性等问题需要解决……如果说在 17 号工地的爆轰试验是“逗龙尾巴”游戏，那么，现在真的要把龙舞起来了。要进行一系列大型的爆轰物理试验，测试成百上千个数据。而理论部和设计部要根据试验数据反复修改设计方案。第一生产部和第二生产部则要加工生产各种形状怪异的机械零件和炸药部件。起爆雷管要反复检测、挑选。电子同步装置的时间同步和发火的可靠性更要做到万无一失。

总攻阶段，倒计时的时间表，成百个操作规程、技安守则和一套套“点线检查”制度，是大家制定出来的，也是大家都必须遵守的。

千年沉睡的金银滩，一时辉煌非常。科技人员和技术工人不分昼夜地拼命干，夜色下的金银滩更是一片灿烂。人们似乎忘记了疲倦，更忘记了这里 3200 米的高寒缺氧。每个人的心中，都燃烧着熊熊的青春之火。共同的责任和理想、共同的追求和信念，激励着大家心往一处想，劲往一处使。为了第一颗原子弹，大家白天进行爆轰试验，夜间细心地判读、整理和分析数据、钻研业务书刊。每天清早，还争着提前到办公室打扫卫生或为新的一天去试验场地做试验而准备。

五月的金银滩，春意盎然。副总参谋长张爱萍、二机部副部长刘西尧等领导亲临第一线视察、指挥工作，带来党中央和全国人民的关怀和支持，极大地鼓舞了科研人员的斗志。614 爆轰试验场碉堡那百米沙垫的尽头，盖起了竹席和胶合板结构的爆室。爆室正中竖起装置支架。296E 试验装置将安放在支架上方。试验人员紧张地进行各项准备工作。拉电缆、布导线……从总厂生活区向西远远望去，人星点点，车辆行行，就像喜庆的日子，不分昼夜，川流不息。

1964 年 6 月 5 日夜晚，李觉亲自乘车开路。吊车、产品车、仪器车……各种车辆排成一行，浩浩荡荡地向 614 爆轰试验场进发。人们忘记了寒冷，忘记了连日来奋战的疲倦，静静地思考着各自岗位工作。大家都有一颗火热的心，期望着这次试验的圆满成功。

1964 年 6 月 6 日，我国第一颗原子弹正式试验之前的关键试验，就在青海草原二二一厂的 614 爆轰试验场进行。这是全尺寸模拟的大型爆轰试验。除核装料用物理模拟材料之外，其他部件和引爆控制系统等全部用了第一颗原子弹爆炸时所用的材料、结构和系统。所以张爱萍将军称它为“原子弹冷试验”，有别于原子弹爆炸的“热试验”。这次试验成功，从技术上讲，我国第一颗原子弹爆炸试验成功就十拿九稳了。

我国第一颗原子弹不仅技术上是先进的，而且采用这种设计方法和通过平面模拟实验，测准一系列参数，再进行 5B、6B、5E、6E 的系列模拟试验的技术路线，可以给国家节省很多物力、财力，并赢得了时间，大大加快了研制进度。

这不仅完全符合我们的国情，也是我国科学家非凡才华和惊人创新能力的结晶。

296E 试验装置稳稳地放在支架正中间。在试验装置一些特殊部位布列着测试探针，周围的大部分空间都布满了测试探头。引线、电缆很多，但却井然有序。电子同步系统立于试验装置正上方。王淦昌、陈能宽以及试验部主任都一再强调，这次试验，要比 5E 做得更好，做到“一次成功，多方收获”“把这次试验作为 596 国家试验的总预演”。

“尽最大努力拿到最多的试验数据，该拿到的，能够拿到的，一定千方百计拿到。”这是参试人员的决心，他们也为此付出了最大努力。

图 2-31 原子弹吊装

王淦昌和陈能宽还一再叮嘱大家，进一步动脑筋，想问题，找隐患，除障碍。

在正式试验的前几天，操作人员已经按照操作规程、点线检查项目，进行多次操作练兵，做到准确、熟练地操作仪器设备。

正式试验的一切工作已经就绪。拉响预备警报，拨动电源开关，预热仪器。陈能宽把操作人员和测试项目的负责人找到一起。大家作简短的汇报后，确认万无一失。陈能宽发布命令，测试操作人员各就各位。“呜……”的警报声响十分钟以后，陈能宽把钥匙交给主控制台负责人。所有测试仪器都显示出正常的准备讯号。

“加高压，起爆！”

“轰……”的一声巨响，震撼草原。远离试验场区的总 109 厂办公区、居住区也可听到震耳的爆炸声。明亮的火球之后，烟云升空。

“成功了！成功了！”这次试验很理想，非常鼓舞人心。

当胡仁宇、唐孝威拿着测试底片来到会议室，兴奋地向大家报告：“测试信号很理想，所有照相底片都取得很好的讯号，试验圆满成功。”全场响起了热烈的掌声。

张爱萍将军欣然挥毫赋诗：

第一颗原子弹冷试验成功

祁连雪峰耸入云，草原儿女多奇能；

炼丹修道沥肝胆，应时而出惊世闻。

1964 年 6 月 6 日

青海草原

这是我国第一颗原子弹在核爆炸之前一次理论计算和结构设计全面检测并与各起爆系统全面连接的综合试验和全系统演习。

王淦昌比当年在杜布纳联合原子核研究所发现反西格玛负超子还兴奋，比抱上了一个大金娃娃还高兴。他暗自判断：离第一颗原子弹正式爆炸成功的日子不远了。

中华儿女正用自己的心血和汗水，辛勤地锻造“民族的神剑”，一颗美丽而神奇的“比一千个太阳还亮”的“争气弹”正在祖国大西北的腹地孕育着，很快，就要腾空出世了。

（五）巨雷震天，罗布泊升起壮丽的蘑菇云

图 2-32 1964 年 10 月 16 日，我国第一颗原子弹爆炸成功

1964 年 1 月，兰州浓缩铀厂取得了高浓铀合格产品；5 月，酒泉核部件厂生产出第一套合格的铀部件；6 月，青海核武器研制基地完成了 1:1 的模型爆轰试验；8 月，试验装置及备品备件全部加工、装配、验收完毕，陆续运往新疆罗布泊试验现场；9 月，试验现场完成了单项演练和综合预演。10 月 16 日 15 时，这个将永远载入中华民族史册的时刻终于来到了：在试验现场总指挥张爱萍将军的指挥下，随着主控制站发出的“起爆”指令，一声惊天动地的巨响和冲天而起的蘑菇云，向全世界宣告：中国第一颗原子弹爆炸成功了！

图 2-33 右起张蕴钰、张爱萍、朱光亚、刘西尧等在指挥台上欢呼原子弹爆炸成功

试验场区欢声如雷，全体参试人员热泪盈眶、激动万分。

试验结果证明，我国第一颗原子弹的理论、结构设计，各种零部件、组件和引爆控制系统的设计和制造以及各种测试方法和设备，都达到了相当高的水平。

10 月 16 日 22 时，中央人民广播电台在晚间新闻节目中，连续几次播送了《新闻公报》《中华人民共和国政府声明》和《中共中央和国务院热烈祝贺首次核试验的巨大胜利》的贺电，《人民日报》刊发了号外。中共中央贺电指出：“这次成功的试验，标志着我国国防现代化进入了一个新的阶段。这对美帝国主义核垄断、核讹诈的政策是一个有力的打击，对全世界一切爱好和平的人民是一个极大的鼓舞。”贺电还指出：“这次试验的成功，是全国人民高举毛泽东思想的伟大红旗，贯彻执行党的‘鼓足干劲、力争上游、多快好省地建设社会主义’的总路线，发扬自力更生，发奋图强的革命精神的结果；是全国各地区、各部委、各部队辛勤努力，大力协作，共同奋斗的结果。”贺电要求有关部门再接再厉，戒骄戒躁，为攀登新的科学技术高峰，加强国防，保卫祖国和世界和平而奋斗！为全面禁止和彻底销毁核武器而奋斗！

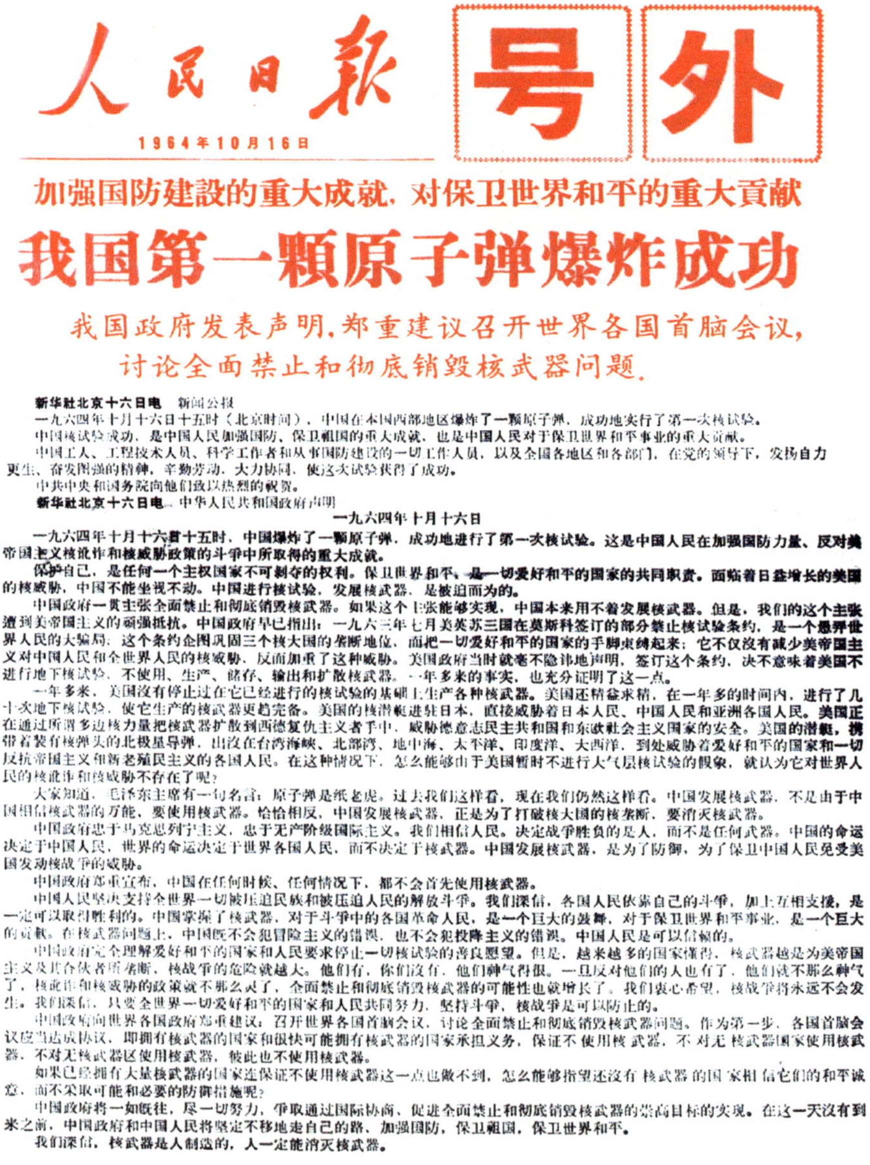

人民日报 号外

1964年10月16日

加强国防建設的重大成就，对保卫世界和平的重大貢献

我国第一顆原子弹爆炸成功

我国政府发表声明，郑重建议召开世界各国首脑会议，讨论全面禁止和彻底销毁核武器问题。

新华社北京十六日电 新闻公报

一九六四年十月十六日十五时（北京时间），中国在本国西部地区爆炸了一颗原子弹，成功地实行了第一次核试验。

中国核试验成功，是中国人民加强国防、保卫祖国的重大成就，也是中国人民对于保卫世界和平事业的重大贡献。

中国工人、工程技术人员、科学工作者和从事国防建设的一切工作人员，以及全国各地区和各部门，在党的领导下，发扬自力更生、奋发图强的精神，辛勤劳动，大力协同，使这次试验获得了成功。

中共中央和国务院向他们致以热烈的祝贺。

新华社北京十六日电 中华人民共和国政府声明

一九六四年十月十六日

一九六四年十月十六日十五时，中国爆炸了一颗原子弹，成功地进行了第一次核试验。这是中国人民在加强国防力量、反对美帝国主义核讹诈和核威胁政策的斗争中所取得的重大成就。

保护自己，是任何一个主权国家不可剥夺的权利。保卫世界和平，是一切爱好和平的国家的共同职责。面临着日益增长的美国的核威胁，中国不能坐视不动。中国进行核试验，发展核武器，是被迫而为的。

中国政府一贯主张全面禁止和彻底销毁核武器。如果这个主张能够实现，中国本来用不着发展核武器。但是，我们的这个主张遭到美帝国主义的顽强抵抗。中国政府早已指出：一九六三年七月美英苏三国在莫斯科签订的部分禁止核试验条约，是一个愚弄世界人民的大骗局；这个条约企图巩固三个核大国的垄断地位，而把一切爱好和平的国家的手脚束缚起来；它不仅沒有减少美帝国主义对中国人民和全世界人民的核威胁，反而加重了这种威胁。美国政府当时就毫不隐讳地声明，签订这个条约，决不意味着美国不进行地下核试验，不使用、生产、储存、输出和扩散核武器。一年多来的事实，也充分证明了这一点。

一年多来，美国沒有停止过在它已经进行的核试验的基础上生产各种核武器。美国还精益求精，在一年多的时间内，进行了几十次地下核试验，使它生产的核武器更趋完备。美国的核潜艇进驻日本，直接威胁着日本人民、中国人民和亚洲各国人民。美国正在通过所谓多边核力量把核武器扩散到西德复仇主义者手中，威胁德意志民主共和国和东欧社会主义国家的安全。美国的潜艇，携带着装有核弹头的北极星导弹，出沒在台湾海峡、北部湾、地中海、太平洋、印度洋、大西洋，到处威胁着爱好和平的国家和一切反抗帝国主义和新老殖民主义的各国人民。在这种情况下，怎么能够由于美国暂时不进行大气层核试验的假象，就认为它对世界人民的核讹诈和核威胁不存在了呢？

大家知道，毛泽东主席有一句名言：原子弹是纸老虎。过去我们这样看，现在我们仍然这样看。中国发展核武器，不是由于中国相信核武器的万能，要使用核武器。恰恰相反，中国发展核武器，正是为了打破核大国的核垄断，要消灭核武器。

中国政府忠于马克思列宁主义，忠于无产阶级国际主义。我们相信人民。决定战争胜负的是人，而不是任何武器。中国的命运决定于中国人民，世界的命运决定于世界各国人民，而不决定于核武器。中国发展核武器，是为了防御，为了保卫中国人民免受美国发动核战争的威胁。

中国政府郑重宣布，中国在任何时候、任何情况下，都不会首先使用核武器。

中国人民坚决支持全世界一切被压迫民族和被压迫人民的解放斗争。我们深信，各国人民依靠自己的斗争，加上互相支援，是一定可以取得胜利的。中国掌握了核武器，对于斗争中的各国革命人民，是一个巨大的鼓舞，对于保卫世界和平事业，是一个巨大的贡献。在核武器问题上，中国既不会犯冒险主义的错误，也不会犯投降主义的错误。中国人民是可以信赖的。

中国政府完全理解爱好和平的国家和人民要求停止一切核试验的善良愿望。但是，越来越多的国家懂得，核武器越是为美帝国主义及其合伙者所垄断，核战争的危险就越大。他们有，你们沒有，他们神气得很。一旦反对他们的人也有了，他们就不那么神气了，核讹诈和核威胁的政策就不那么灵了，全面禁止和彻底销毁核武器的可能性也就增长了。我们衷心希望，核战争将永远不会发生。我们深信，只要全世界一切爱好和平的国家和人民共同努力，坚持斗争，核战争是可以防止的。

中国政府向世界各国政府郑重建议：召开世界各国首脑会议，讨论全面禁止和彻底销毁核武器问题。作为第一步，各国首脑会议应当达成协议，即拥有核武器的国家和很快可能拥有核武器的国家承担义务，保证不使用核武器，不对无核武器国家使用核武器，不对无核武器区使用核武器，彼此也不使用核武器。

如果已经拥有大量核武器的国家连保证不使用核武器这一点也做不到，怎么能够指望还沒有核武器的国家相信它们的和平诚意，而不采取可能和必要的防御措施呢？

中国政府将一如既往，尽一切努力，争取通过国际协商，促进全面禁止和彻底销毁核武器的崇高目标的实现。在这一天沒有到来之前，中国政府和中国人民将坚定不移地走自己的路，加强国防，保卫祖国，保卫世界和平。

我们深信，核武器是人制造的，人一定能消灭核武器。

图2-34 《人民日报》号外

《中华人民共和国政府声明》强调指出：“中国进行核试验，发展核武器，是被迫而为的。中国政府一贯主张全面禁止和彻底销毁核武器。如果这个主张能够实现，中国本来用不着发展核武器。”“中国发展核武器，是为了防御，为了保卫中国人民免受美国发动核战争的威胁。中国政府郑重宣布，中国在任何时候、任何情况下，都不会首先使用核武器。”“中国政府向世界各国政府郑重建议：召开世界各国首脑会议，讨论全面禁止和彻底销毁核武器问题。作为第一步，各国首脑会议应当达成协议，即拥有核武器的国家和很快可能拥有核武器的国家承担义务，保证不使用核武器，不对无核武器国家使用核武器，不对无核武器区使用核武器，彼此也不使用核武器。”“中国政府将一如既往，尽一切努力，争取通过国际协商，促进全面禁止和彻底销毁核武器的崇高目标的实现。在这一天没有到来之前，中国政府和中国人民将坚定不移地走自己的路，加强国防，保卫祖国，保卫世界和平。”

我国首次核试验的成功，在国内外引起了巨大反响。全国各族人民听到广播，欢欣鼓舞，异常兴奋，纷纷集会和座谈，欢呼核试验成功的辉煌胜利。中华民族精神为之大振。港澳同胞和海外华侨感到扬眉吐气，非常自豪，作为中华儿女分享了这一胜利的喜悦。世界爱好和平、对我友好的国家和人民，都表示热烈赞扬和支持。他们认为：“中国突破了核垄断俱乐部的大墙，在整个地球上引起了一场真正的革命。”“中国有了原子弹，使亚洲和世界和平能得到更有力的保障。”总之，我国首次核试验的成功，对于斗争中的各国人民是一个巨大鼓舞，对于保卫世界和平事业是一个巨大贡献。

（六）加快突破，第一颗氢弹研制成功

首次核试验成功，标志着中国国防现代化进入了一个新阶段，同时也标志着中国核工业进入了一个新阶段。二机部及时总结了前一阶段的成就和经

验，清醒地估计到：前一阶段的成就虽然巨大，但还只是突破了技术难关，打下了基础，解决了有无的问题。以后作为一个新的发展阶段，任务更加艰巨，更加繁重，必须抓紧时机，乘胜前进。当时确定了下一步的主要目标：加速原子弹武器化，突破和掌握氢弹技术；尽快建成新的科研生产基地，改变核工业的战略布局；抓紧研究建造潜艇核动力装置。从 1965 年起，我国核工业就开始朝着这些新的目标前进。

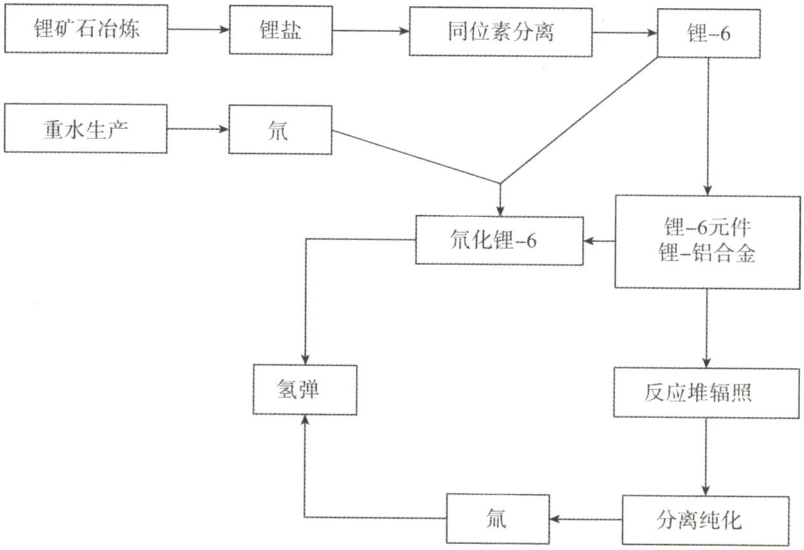

图 2-35　核聚变燃料的生产流程图

图 2-36　中国的锂 -6 分离装置

但是，正当核工业乘胜前进的时候，“文化大革命”开始了。二机部的广大科技人员、职工群众和领导干部，在国家处于混乱的复杂情况下，坚守岗位，坚持工作，克服种种困难，研制成功了氢弹、潜艇用核动力装置，实现了原子弹、氢弹的武器化，完成了核工业的新的战略布局。

1964 年 5 月和 1965 年 1 月，毛主席在听取国家计委关于第三个五年计划和长远规划设想的汇报时，曾两次谈到核武器发展问题，明确指出：原子弹要有，氢弹也要快。周恩来在我国首次核试验成功后，也提到氢弹研制能否加快一些，并要求二机部就核武器发展问题作出全面规划。

遵照党中央的指示，二机部立即开始研究制订加速核武器发展的全面规划。首先分析了形势。首次核试验成功后，我国核武器研究已引起世界瞩目。形势要求我国要加快核武器发展的进程。其次分析了自己的条件。当时，铀 -235 生产线工厂已经全部建成投产；热核材料生产线中的氘化锂-6 生产线即将建成投产；钚生产线中的反应堆工程恢复了建设，进展顺利；后处理新工艺试验成功，可缩短后处理厂的建设周期。在核武器研制方面，从技术、物质力量到后勤保障，也都有了较好的基础。这些情况表明，加快氢弹研制进程，在客观上已有可能。

经过反复研究，二机部于 1965 年 2 月 3 日向中央专委呈报了《关于加快发展核武器问题的报告》。报告中提出，一方面要加速原子弹武器化，装备部队，形成战斗力；另一方面要尽快突破氢弹技术，向战略核武器的高级阶段发展。周恩来主持专委会审议了这个报告，原则同意二机部的规划安排，要求通过 1965 年至 1967 年的核试验，完成原子弹武器化工作，并力争于 1968 年进行氢弹装置试验。

氢弹的研制在理论和制造技术上比原子弹更为复杂。当时国外对氢弹的技术严加保密，因而要突破它就更为困难，必须完全依靠我们自己去探索。

要探索，从何入手？早在 1960 年 12 月，刘杰就提出，考虑到当时核武器研究所正忙于原子弹攻关，氢弹的理论探索工作可由原子能所先行一步。当年原子能所即成立了“中子物理领导小组”，由所长钱三强主持，组织黄祖洽、于敏等理论研究人员开始做些热核材料性能和热核反应机理的基础研究。1964 年 10 月，在完成了原子弹的研制工作后，核武器研究所决定抽出三分之一的理论研究人员，全面开展氢弹的理论研究。1965 年 1 月，二机部又把原子能所先期进行氢弹研究探索的科研人员调到核武器研究所，集中力量从原理、结构、材料等多方面广泛开展研究。

核武器研究所领导鼓励研究人员要破除论资排辈的思想，无论是老年科学家，还是刚参加工作不久的青年知识分子，都要大胆设想，多提方案。经过研究分析，补充完善，选择了两种攻关途径。并决定从低级的入手，向高级的争取，从而确定了原理探索的主攻方向。

经过几个月的艰苦摸索，基本明确了攻关的技术路线。在此基础上，1965 年 8 月，二机部向中央专委呈报了《关于突破氢弹技术的工作安排》：一方面进行理论上的探索；另一方面要进行若干次核试验，以求通过试验检验理论是否正确，提高理论认识。中央专委同意这一安排，并要求各有关部门给予积极支持，分别做好有关工作。

氢弹研究试验计划虽然初步定下来了，但在核材料问题上却又遇到了难题。为了争取时间，核武器研究所决定绕过材料关，立足于已有的核材料进行氢弹的技术攻关，闯出一条研制氢弹的新路子。

按照既定的核材料路线，从 1965 年 9 月底开始，核武器研究所的部分理论工作人员经过两个多月的艰苦计算、分析摸索，终于找到了解决自持热核反应所需条件的关键，探索出了一种新的制造氢弹的理论方案。这是氢弹研制中的最关键的突破。核武器研究所的专家们肯定了这种新的理论方案。

1965 年 12 月，在西北核武器研制基地由吴际霖主持召开规划会议，讨论 1966 年至 1967 年氢弹科研、生产的两年规划。会议同意刘西尧提出的“突破氢弹；两手准备，以新的理论方案为主”的方针。即一是按新的理论方案，以研制由导弹运载的氢弹头作为主攻方向，为此需要相应增加一次新的“热”试验；二是继续进行原定的氢航弹方案的攻关。中央专委批准了这一规划，并决定新的“热”试验采用塔爆方式，利用首次核爆炸的备用铁塔进行。

图 2-37　中国氢弹原理试验的铁塔

突破氢弹以新的理论方案为主的决策，把理论、试验、设计、生产等各方面的力量引向一个新的目标，各项研制试验工作都按规划卓有成效地展开。1966 年 5 月 9 日，含有热核材料的原子弹试验成功，热核反应过程与理论预测基本一致，为氢弹设计取得了重要数据。1966 年 12 月 28 日，进行了按新的理论方案设计的氢弹原理试验。结果表明，新的理论方案切实可行，先进简便。根据这次试验结果，中央专委决定中止氢航弹的研究试制，集中力量，按新理论方案进行设计，直接进行全当量的氢弹试验。

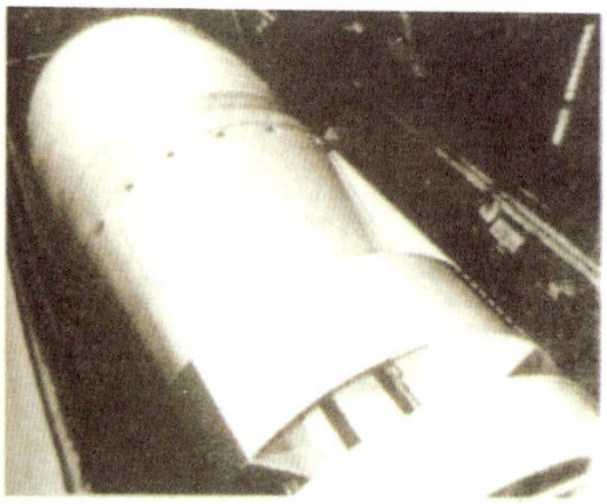

图 2-38 装上轰炸机的氢弹

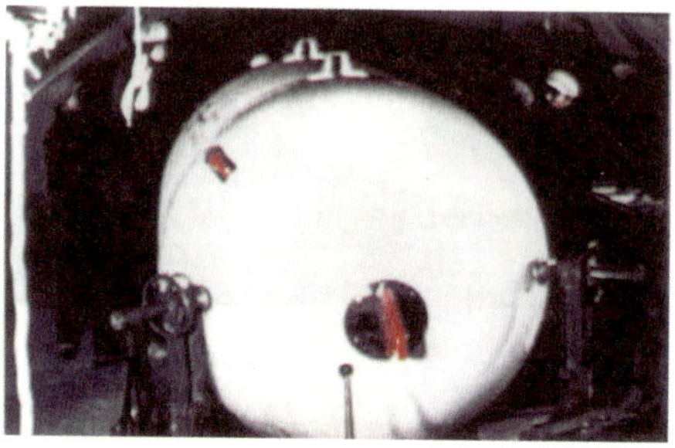

图 2-39 中国第一颗氢弹

1967 年 5 月，第一颗氢弹的加工装配以及试验准备工作全部完成。与此同时，考虑到用飞机空投进行这样大当量的试验，安全工作极为重要，有关部门对引爆控制系统、投弹飞机的改装、投弹高度、降落伞的研制等都做了周密的安排。在国防科委的组织领导下，核试验基地、航空部、人民解放军空军等单位都参加了有关安全工作的论证。5 月 9 日，周恩来主持召开了第十八次专委会，着重讨论氢弹试验的准备工作。会议认为，我国第一次全当量氢弹试验，在政治上有重大意义；在军事上，它将使我国的核武器技术进入一个新的发展时期。要求 6 月 20 日以前做好试验前的各项准备工作，并于 6 月 1 日至 10 日陆续提出六七月份试验场区和烟云经过地区的详细气象资料，再决定试验日期。这次试验现场指挥工作，由试验基地党委负责，国防科委副主任张震寰、二机部副部长李觉参加领导工作。

为了保证试验的成功和安全，正式试验前，进行了不带活性核装料的引爆控制系统综合预演。

1967 年 6 月 17 日，在周恩来的亲自安排下，聂荣臻亲临现场指挥，成功地进行了我国第一颗氢弹爆炸试验，提前实现了毛主席在 1958 年 6 月关于“搞一点原子弹、氢弹，我看有十年功夫完全可能”的预言。

图2-40 空投中的氢弹

图2-41 1967年6月17日，我国第一颗氢弹爆炸形成的蘑菇云

（七）从无到有，核发展史上的奇迹

首次核试验圆满成功，标志着中国开始掌握了核武器技术，从而成为一个拥有核武器和比较完整的核科技工业体系的国家。然而，这毕竟只是零的突破，是迈进原子时代大门的第一步。

从原子弹到氢弹，是一个质的飞跃。实现这个飞跃，美国用了7年4个月；苏联用了4年；英国用了4年7个月；法国当时也还正在研制，后来实际用了8年6个月。

中国能不能比他们搞得快一些呢？二机部领导和科研人员认真分析了主客观条件，认为氢弹研制虽然难度很大，但我们也有不少有利条件：通过原子弹的研制实践，已经系统掌握了有关的基本理论和关键技术，摸清了各种物理现象和运动规律，为氢弹研制打下了坚实的基础；国产每秒5万次的电子管计算机已经开机，使计算手段有了一定改善；氢弹必需的热核材料氘化锂，生产线将要建成，对热核材料性能和热核反应机理的研究也已取得了相当的进展。所有这些有利条件如果运用得当，加快氢弹研制速度是有可能的。

原子弹和氢弹同是核武器，两者的区别在于爆炸原理不同，前者是核裂变反应，后者是核聚变反应。所以，研制氢弹的关键，仍然在于首先要从理论上突破。早在 1960 年 12 月，二机部领导就颇有远见地开始组织力量，进行热核材料性能和热核反应机制的基础研究，而当原子弹爆炸成功后又立即把先期进行基础研究的科研人员，与核武器研究所的科技人员组织在一起，形成拳头，全力以赴地开展氢弹的理论研究。鉴于有核国家对氢弹技术的保密更加严格，在公开文献资料上几乎只字不露。因此，在我国氢弹理论的研究中，特别提倡学术民主，开阔思路，集思广益。广大科研人员充分发挥了自己的聪明才智，提出了许多富有创造性的设想，然后经过计算、分析、论证、比较，反复多次，几易方案，最后终于找到了一条实现热核材料点燃和自持燃烧的理想途径，确定了采取利用原子弹来引爆氢弹的理论方案。

理论方案确定之后，理论、实验、设计、试制四个方面的科技人员又互相配合，密切协作，进一步解决了热核材料部件制造、爆轰试验、数据测量、装置结构设计，以及各种机械加工等一系列技术问题。经过 1966 年 5 月含有热核材料的探索性试验、12 月的氢弹原理试验和 1967 年 6 月的氢弹空爆试验三次大型核爆炸试验，全面完成了氢弹研制任务。从 1964 年 10 月第一颗原子弹爆炸成功，到 1967 年 6 月第一颗氢弹空爆试验成功，其间只用了 2 年 8 个月时间，赶在了法国的前边，在世界核武器发展史上是空前的高速度，在世界上引起了巨大反响，被许多国家的同行称赞为奇迹，公认中国核技术已进入世界核先进国家的行列。18 年后，一位法国著名的核科学家来到中国访问，在会见钱三强时，还特地询问了其中的奥秘，并赞叹不已。

（八）核星璀璨，科学家的报国情怀

漫漫攻坚路从这里开始

北京的北郊，有一片种植高粱、玉米和蔬菜的广袤土地。长满杂草和灌木的元都土城墙和护城河南面的一块平地上，耸起一座灰色的四层大楼和两幢红色砖墙小楼。这高耸的建筑，在今天不足为奇，可是在当时，与四邻疏落低矮的农舍，却形成了强烈的反差。

这里正在勾画一幅我国国防史上鲜为人知的雄伟画卷。

这里是寻找打开原子弹秘密“金钥匙”的发源地。

1958 年，第二机械工业部第九研究所，在这里诞生了。李觉任所长。李觉在大学读书时，因抗日战争爆发而投笔从戎，是位文武双全的将军。从此，一批立志报效祖国、在新中国成立初期从海外归来的莘莘学子，卓有成就、国内外享有盛名的科学家和一批批风华正茂、血气方刚的大学生，纷纷踏进第九研究所大门。

邓稼先——娃娃博士

最先踏进核武器研究所大门的科学家是被誉为“娃娃博士”的青年理论物理学家邓稼先。

1950 年邓稼先从美国印第安纳州的普渡大学获得博士学位后的第九天，便登上“威尔逊总统”号客轮。几经周折，终于心花怒放地回到祖国的怀抱。他回国后的第一件事就是到天安门广场瞻仰猎猎飘扬的五星红旗。他在科学院做出卓著的成绩，周恩来总理夸他是青年物理学家。

1958 年 8 月的一天，钱三强把这位“娃娃博士”叫到办公室。亲切地说：

“小邓，国家要放个大炮仗，调你去做这件工作。怎么样？”

说完，钱三强又严肃地说：“这可是光荣的任务啊！”

“大炮仗？”邓稼先心里咯噔一下，猜想到这项半是哑谜半是幽默的工作是什么，明白这是要搞原子弹。他那炽热的眼神凝视着钱三强，又立即转开，并轻声地说：

“这……让我搞原子弹。我能行吗？”

这个青少年时代在帝国主义铁蹄下过着流亡学习生活，矢志科学救国、科学强国的“娃娃博士”，早就期待这一天的到来。但当光荣和艰巨的历史重担压在自己肩膀上时，却有些心慌和胆怯。

“能，你一定能干好！你的身后有祖国和人民。”钱三强信任的目光打消了邓稼先的顾虑。“这是祖国对你的信任和重托，这事关系国家的安危。你能干好！”

“那我听从组织的安排！”邓稼先站起身来说：“我会全身心地投入、努力……”日后，就是这位心慌、胆怯的“娃娃博士”，最先投身原子弹研究行列的青年物理学家邓稼先，带领一群大学生顽强地投入原子弹的理论设计工作。1963 年，当他在第一颗原子弹的理论方案这一具有历史意义的科学文献上签下神圣的名字，突破原子弹的冷试验正在青海金银滩大草原上如火如荼地大会战时，聂荣臻元帅随即传达中央专委的命令，命令邓稼先率精兵转向氢弹理论设计。1967 年我国第一颗数百万吨梯恩梯当量的氢弹试验成功的时候，升腾万里的紫烟还在试验场区上空飘荡，大漠深处来回反射持续不断的“轰、轰……”声响还在耳边震动，邓稼先已在默默地想着下一步棋了：武器化，小型化。他领导下的理论队伍探索出一条非常有创新思想的新路子，使我国核武器小型化和中子弹的设计技术走出大迷宫。1972 年他挑上九院院长的重担以后，更是理论设计、结构设计，实验研究、核部件加工、冷试验、热试验，事事处处身先士卒，他把自己的心血、智慧、汗水和生命的全部毫不保留地倾注给核武器研制事业，最后留下一句遗言：死而无憾。他是祖国和人民的好儿子，他当之无愧为中国的“两弹元勋”。

朱光亚——火一样的爱国激情

曾作为翻译人员参加过举世闻名的板门店谈判——朝鲜停战谈判的核物理学家朱光亚，1949 年在密歇根大学研究生院学习和工作，先后发表了两篇核射线“符合测量方法”方面的有独到见地的论文，获得博士学位，时年 25 岁。

新中国的诞生，给中华民族带来了翻天覆地的变化，也振奋了海外游子一颗颗怦怦跳动的中国心。1950 年 3 月 18 日，朱光亚等 52 名留学生在纽约《留美学生通讯》第三卷第 8 期上发表《致全美中国留学生的一封公开信》，信中文字雄浑激扬：“从现在起，四万万五千万的农民、工人、知识分子、企业家，将在反封建、反官僚资本、反帝国主义的旗帜下，团结一心，合力建设一个新兴的中国，一个自由民主的中国，一个以工人、农民也就是人民大众的幸福为前提的新中国。这个建设新中国的责任是要我们分担的。同学们，祖国在召唤我们了，我们还犹豫什么？彷徨什么？我们该回去了。”“回去吧，让我们回去吧，把我们的血汗洒在祖国的土地上灌溉出灿烂的花朵……”

就在这一年的春天，新中国成立后的第一个春天，身在异国他乡，心系中华热土的朱光亚，历尽周折，终于回到朝思暮想的祖国。回国后，先在北京大学受聘为副教授，朝鲜停战后在东北人民大学任教授，后又调任北京大学，和来自浙江大学的胡济民教授、北京大学虞福春教授、复旦大学卢鹤绂教授等负责筹建北京大学近代物理研究室（即后来的技术物理系），开设原子核物理和放射化学两个专业。走上讲坛，肩负起培养共和国第一代原子能专业人才的历史重任。

在艰辛的创业初期，李觉所长需要一位具有大科学、大工程思想，又具有领导组织才干的科学家当副手。钱三强推荐朱光亚任九所副所长。

当钱三强通知朱光亚调任九所协助李觉将军全面负责核武器研究的科技工作时，一幕往事随即浮上脑际：在朝鲜停战谈判期间，美方为了恐吓我国，想从谈判桌上捞到战场上想得而得不到的东西，公开叫嚣“如果谈判解决不了问题，美国将考虑使用所有武器，包括原子武器”。身为核物理学家，朱光亚是多么希望新中国拥有自己的核盾牌，以维护国家的独立和世界和平啊！从此他以科学家的态度和战略家的眼光对“两弹”研制过程中选题、步骤、方法、主攻方向、成果评价、梯队配备等工作，作出了一个个科学的决策，为我国核武器事业的发展运筹帷幄，把全部心血献给国防尖端事业。

2004 年 12 月，为表彰朱光亚对我国科技事业特别是原子能科技事业发展作出的杰出贡献，国际小行星中心和国际小行星命名委员会批准将我国国家天文台发现的国际编号为 10388 号的小行星正式命名为“朱光亚星”。朱光亚入选“感动中国 2011 年度人物”，被誉为“中国工程科学界支柱性的科学家”“中国科技众帅之帅”。

王淦昌——我愿以身许国

就在 1959 年苏联撕毁协议并于 1960 年撤走在华的全部专家前夕，有人说：“没有外国人帮助，中国人 20 年也造不出原子弹来。”

然而也有一位苏联专家，在惜别之前，怀着深深的依恋之情，对刘杰部长说：

“没关系，我们走了，你们有王淦昌。”

刘杰部长心里十分清楚：我们不仅有王淦昌，我们还有其他专家和年轻的科技人员。

1961 年 4 月 3 日，一份盖有二机部红色公章的通知郑重地送到著名核物理学家王淦昌手里。刘部长即日约见他。

“刘部长是很忙的，他这么急于要见我，会有什么事？”

在进城的汽车上，王淦昌思绪万千！

“一定有重要事情。”

来到刘部长办公室，著名科学家、二机部副部长兼原子能所的所长钱三强早已等候在那里，一种亲切感在王淦昌心底油然而生。

“王教授，今天请您来，想让您做另一件重要的事情：请您参加领导原子弹的研制工作。”部长开门见山，深邃的目光闪烁着诚挚的光芒，那话语、那神色充满了期望和信赖。

随后，刘部长传达了中央关于研制核武器的决定，并充满自信地说：“有人要卡我们，说我们离开他们的援助，10 年、20 年也休想造出原子弹，因此，我们要争口气。”

王淦昌怔怔地听着，他掂量出部长话语的分量，深知中央决定的意义。此时此刻，好像有千钧重担压到肩上。有什么比国家的信赖、人民的重托更令人兴奋呢？

半晌，他迸出这样一句话：

“我愿以身许国！”

这是一个目睹过祖国山河饱受外敌侵略的老科学家从心底里发出的忠贞

不渝的最强音。

国家对王淦昌要求:“绝对保密，要长期隐姓埋名。”

“可以，我做得到。”

有关部门叮嘱:“需要断绝一切海外关系。停止一切学术交流。”

“行，行。”

回答是那样斩钉截铁、毫无私念。

就这样，这位早在20世纪40年代就以中微子的存在和关于介子的衰变等科学成就闻名国内外、1959年又石破天惊地发现反西格玛负超子的卓越成就、如果继续在原来的科研领域冲刺有可能叩开诺贝尔奖大门的著名核物理学家王淦昌，在领受研制原子弹任务后，抱着“以身许国”的坚定态度，放弃了潜心于基本粒子的神秘王国和向着微观世界纵横驰骋的研究方向，隐姓埋名、默默无闻地奉献自己的一生。

彭桓武——回国是不需要理由的

和王淦昌同时来到第九研究所的还有著名理论物理学家彭桓武。1938年，23岁的彭桓武考取了理论物理留英官费生。当时，正是欧洲现代物理学突飞猛进的黄金时代，对继爱因斯坦相对论之后的又一理论基石——量子力学有巨大贡献的薛定谔、海森堡、狄拉克、玻恩等科学巨匠竞相发出夺目的科学光彩。周培源把自己的得意门生交给了好友，曾指导过“原子反应堆之父”费米、“原子弹之父”奥本海默的科学大师马克斯·玻恩。从此，彭桓武成为理论物理大师、量子力学创始人之一、诺贝尔奖获得者马克斯·玻恩的第一位中国弟子。风华正茂的彭桓武勇敢地闯进了神秘莫测的微观世界。这位聪慧、勤奋的中国学子在异国他乡，在科学竞技场上显示出中国人的进取精神和创造力，成为国际同行刮目相看的科学新星。1940年，他以固体理论方面的杰出论文，获得了物理学的哲学博士学位。

身为中华热血男儿，彭桓武归心似箭，渴望回到战火纷飞的祖国，用自己掌握的现代科学报效祖国，但因世界大战爆发，回国之路被法西斯封锁了，一时无法成行。无可奈何，1941 年，他受聘爱尔兰都柏林高等研究院，师从于著名物理学家、波动力学创始人、诺贝尔奖获得者薛定谔教授，从事量子力学的研究。他与合作者海特勒、汉密特两位学者合作进行介子理论方面的研究，他们以介子的 HHP 理论而闻名于国际物理界。

1943 年，彭桓武在爱丁堡大学做研究员，和导师玻恩进行理论物理方面的研究，并于 1945 年以《量子场论的发散困难及辐射反作用的严格论述》这篇论文又获得爱丁堡大学的科学博士学位。

1947 年，他前往爱尔兰共和国首都，任都柏林高等研究院教授。

由于出色的工作成就和令人瞩目的学术地位，彭桓武被誉为“在英国获得两个博士学位，第一个在英国取得物理学教授职称并于 1948 年回国后仍当选为爱尔兰皇家科学院院士的中国人”。彭桓武成为科技界少有的传奇人物。

磨穿铁砚成大儒。在异国他乡潜心攻读的彭桓武，以锲而不舍的精神和超人的智慧，在固体物理、介子物理和量子场论方面都取得了出色的成就，获得了令人艳羡的名利地位。但这位黑头发黄皮肤的中国青年，却不图名利，而是心系祖国。在巴黎一个学术会议上，他和校友钱三强巧遇，两位志同道合的校友相互倾吐要用科学知识报效祖国的决心：

“让祖国借助原子时代的科学技术强盛起来！”

1947 年，彭桓武放弃令人羡慕的社会地位和丰厚的工资待遇，回到了日夜思念的祖国。

回到祖国，彭桓武把未来寄托在中国共产党身上。他不顾国民党的利诱、劝说和“关注”，决定冲破黎明前的黑暗，奔向光明灿烂的解放区。1949 年 5 月，经严济慈教授的协助，从云南取道香港经天津抵达北平。他心花怒放地步入百花盛开的母校清华大学。从此，他的人生坐标出现了全新的支撑点，人生的价值放射出七彩的光芒。

一天，同学、好友钱三强跑到清华园，兴致勃勃地告诉彭桓武：“好消息！好消息！新中国准备成立中国科学院！为了推动和发展我国的近代物理科学事业，我向周恩来和郭沫若建议成立一个近代物理所！”

“太好了，这回该咱们大干一场了！”彭桓武兴奋地大声嚷了起来。

1949 年 11 月 1 日，中国科学院成立。1950 年 5 月 19 日，近代物理所成立，彭桓武如鱼得水，在人民当家作主的天地间自由地工作，感到莫大的安慰和快乐，为发展新中国原子能事业作出了杰出的历史贡献。

每当有人问起为什么回国时，彭桓武经常微笑着说：

“回国是不需要理由的；不回国却是需要理由的！作为一个中国人，有什么理由不回国，并为她的复兴贡献自己的力量呢？我有责任用所学之长，建设她，使祖国富强。”

为了加强中国原子弹的科研实力和领导力量，彭桓武来到核武器研究所，领导并参加原子弹、氢弹的原理突破和战略核武器的理论研究设计工作，作出杰出的贡献。

郭永怀——与警卫员抱着公文包殉职

和王淦昌同时来到九所的还有著名的力学专家郭永怀。1941 年，郭永怀在加拿大多伦多大学，仅用半年时间就完成了硕士研究生学业，并以《可压缩黏性流体在直管中的流动》论文获硕士学位后，告别了导师辛格教授，来到美国加州理工学院师从国际航空大师冯·卡门教授。他以坚韧不拔的精神攻克了40年代航空科技迫切需要解决的世界难题——“声障”，完成了《跨声速流动的不连续性》这篇航空技术史上具有划时代意义的学术论文，从而扫清了航空工业发展道路上的障碍，并且获得了博士学位。

学友钱学森很有感触地说：“郭永怀做博士论文找了一个谁也不想沾边的课题。但是他孜孜不倦地干，终于得到出人意料、令人惊喜的结果。”

1946年，郭永怀又和好友钱学森共同提出了临界马赫数的概念。为了建造好这一航空史上的又一里程碑，他以执着的追求和坚毅的信念，在枯燥浩繁的理论计算中，施展出他在数学领域的天赋，运用并发展奇异摄动法的一种数学方法，首次将彭加勒开创变形坐标同普朗特边界层理论融为一体，解决了平板前缘的奇异性。这是郭永怀对国际航空科技事业的又一杰出贡献。

1955年8月，周恩来总理在日内瓦会议上对美国当局禁止中国留学生和科技人员出境的无理做法进行了有理、有利、有节的斗争。在国际舆论的压力下，美国政府无可奈何地取消禁令。喜讯传来，郭永怀心花怒放，恨不得一步跨越太平洋，回到朝思暮想的祖国。

由于郭永怀在航空科技事业的非凡业绩，使他一次又一次地名扬四海。为了阻拦郭永怀回国，美国当局黔驴技穷地以“摸底”的方式对郭永怀进行威胁、利诱。郭永怀在“摸底”表上义正词严地写道：

“中国是我的祖国，我想走的时候就要走！”

见到郭永怀的“摸底”表，美方更是恼羞成怒，以莫须有罪名拘留郭永怀的爱人李佩，并经常传讯郭永怀。国民党方面也派郭永怀的旧友前来游说，劝请郭永怀赴台。但郭永怀不为威胁所束，也不为名利所动。冲破重重威胁和利诱，1956年8月底，时刻准备着的郭永怀夫妇，为防止美国当局找茬儿，一把火烧掉了一本没有完成的书稿，携带独女郭芹离开美国，登上了盼望已久的回归航船。

船上，他遇到十几位要好的中国学者，有时竟彻夜长谈。兴奋愉快的心情很快打发了三个星期的海上时光。当有的好友为他放弃闪光的荣誉和舒适的生活环境而惋惜时，他却无怨无悔地回答："那毕竟是在别人的国土上。青山遮不住，毕竟东流去。中华儿女，终究要回到祖国的怀抱。"

当有的好友惋惜他的才华会因国内条件差而无用武之地时，他却满怀自信地说："我在美国十几年，看够了洋人的白眼。但始终为自己是中华儿女而自豪。我坚信有五千年文明史的中华民族，其振兴只是个时间问题。"他沉思了片刻又接着说，"我们在国外学有所成的中华儿女，回到祖国母亲的身边，不是正好可以让她更快地繁荣昌盛吗？"

那是一个难忘的时刻，远离祖国和亲人 16 年之久的游子，踏上新中国的土地还不到一个月，就来到灯火辉煌的怀仁堂，这里聚集着一批中华科技界的英才，他们同党和国家领导人共商中华民族科技发展的百年大计。比郭永怀早一年回来的钱学森向周恩来总理介绍郭永怀，总理高兴地握住郭永怀那双颤动的手亲切地说："你回来得正是时候。有时间先到各地走走看看，有什么要求和想法我们可以一起讨论嘛！"

郭永怀激动得一时不知说什么才好，许久，才轻声慢语地说了一句话："我想的是尽快投入工作，工作……"

为了加快核武器的发展步伐，钱三强问钱学森："谁是承担核武器爆炸力学和总体设计最合适的领导人？"钱学森教授回忆说："我毫不迟疑地推荐郭永怀同志。"

就这样，中国科学院"581"领导小组 1001 卫星和运载火箭总体设计院院长郭永怀也来到核武器研究所。在我国原子弹、氢弹的研制工作中领导和组织了爆轰力学、高压物态方程、空气动力学、飞行力学、结构力学和武器环境实验科学等研究工作，作出了杰出的贡献。

1968 年 12 月 5 日凌晨 6 时左右，在北京机场飞机降落失事起火的那一刹那，郭永怀以火一般的爱国心、科学家特有的冷静和机智，和警卫员一起，用血肉之躯在熊熊烈火和重要文件之间构筑起一道烧不透的墙，把一份热核导弹试验的文件完整地保留下来。为纪念郭永怀夫妇的伟大精神，2018 年 7 月，国际天文学联合会小行星中心将 2007 年 10 月 9 日由紫金山天文台发现的两颗编号为 212796 和编号为 212797 的小行星命名为“郭永怀星”和“李佩星”。

王淦昌、彭桓武、郭永怀这三位赫赫有名的科学家，在同一时间内投入到“秘密历程”中，形成了中国核武器研究初期的三大支柱，指挥协调、解决核武器研制过程中的众多技术难题，把核武器的实验研究、理论研究和总体结构设计等工作推向一个新的阶段。这三位著名的物理学家，同时到达中国的“洛斯阿拉莫斯”。“娃娃博士”邓稼先喜笑颜开、风趣地比喻说：“这三位大科学家，是核武器研究所的三尊大菩萨，我自己是他们身边的一个童子。”

陈能宽——祖国，您的儿女回来了

为了加强核武器的研究力量，中央还批准从中国科学院和全国范围内的有关部门、地区选调了 105 名科学研究和工程技术专家到核武器研究所工作。李觉将军高兴极了！他幽默地说：“太好了，我们又来了一百零八将。”

这 105 名科学家中，有金属物理学家陈能宽教授。1947 年年初，陈能宽和妻子裴明丽通过官费留学考试。陈能宽同时被科罗拉多大学、华盛顿大学和耶鲁大学录取。夫妻俩安顿好仅三个月大的女儿，于 8 月启程赴美。客轮在波浪汹涌的太平洋上缓缓航行，他和妻子常常长时间站在船舷旁，愣愣地望着大海，望向东方，思绪也和翻腾的海浪一样难以平静。到了美国，陈能宽挑选耶鲁大学，成为冶金工程系的研究生。他以中国人特有的刻苦精神和创造力，潜心学业，1948 年以《铜铬合金中的魏氏组织结构》学术论文获硕士学位。1950 年又以《铝单晶体范性形变与再结晶的结构研究》获博士学位。该论文发表在美国的《金属学报》上，引起同行专家的极大关注。

1950 年夏，陈能宽来到霍普金斯大学，从事金属物理与物理冶金的科研和教学工作。在这里，这个正直豪爽的黄皮肤、黑头发的中国学者又赢得了外国人的信赖和称赞，并在变形带形成的严格条件、铝单晶体滑移带形成的动态过程和铝单晶体的范性形变等方面成果突出，受到学术界的好评和极度关注。

在美期间，陈能宽的确感受到美国强大的经济实力和先进发达的科学技术，特别是舒适的工作环境和优裕的生活条件，而且凭着自己的才华和贡献拥有了房子和汽车，似乎已有立足和扎根的坚实基础。但是他们刚刚踏上美国国土的那一幕情景，却给他留下了永远抹不掉的记忆：

那一年，陈能宽和妻子告别祖国，满怀着希冀和幻想，踏上求学异国的征程，航船来到洛杉矶，陈能宽扶着客轮栏杆，望着越来越近的自由女神像，眼里噙满了泪花。海港，海关大楼，热情的海关警察，彬彬有礼的海关小姐……陈能宽偕妻子和其他人一样正在办理入境手续。

突然间：

“NO！ NO！ NO！”

看到黄皮肤的中国人，原先风度翩翩的美国警察忽然大摇其头，摊摊手，脸上失去了微笑，蛮横地命令：

“请按手印！”

“为什么？他们都是签字的呀！”

“可你们是‘他们’吗？”

“为什么不？”

“为什么不？你难道不知道吗？”

“不是人人平等吗？”

“平等是有条件的。二等公民，这已经是对你们特别优待了！”

侮辱、戏谑。陈能宽明白了：一个没有独立主权国家的公民，尽管“特别优待”，也只能是“二等公民”！

陈能宽对妻子说：“为了国家的独立和富强，等翅膀硬了，我们便飞回去！”

学术上的成就，舒适的工作环境，优裕的生活条件，房子、汽车和温馨的家，这一切并没有使他嫌贫爱富，更不能让他忘记一个中华儿女的责任。新中国的诞生更使他归心似箭，只因朝鲜战争爆发后，美国国内反共势力十分猖狂，美国政府对中国留学人员回国设置了重重障碍，使陈能宽有国难归。

月圆月缺，秋去冬来。1955 年的冬天，机会来了。

“回去，我们不能做无本之木！”

陈能宽对妻子、对孩子说。这决定竟使他激动得心旌震颤。经过一番波折，11 月 25 日，陈能宽毅然放弃了房子、汽车和名誉地位，携全家从旧金山登上“威尔逊总统”号客轮，踏上了回归祖国的航程。客轮经檀香山、日本、菲律宾、香港等地，于 12 月 16 日抵达深圳。望着高高飘扬的五星红旗，他激动得热泪夺眶而出："祖国！您的儿女回来了！"

在冰雪消融的 1956 年春天来临时，陈能宽骑着自行车来到中国科学院应用物理研究所工作。在开展单晶体力学性质的研究中，他首先帮助太原钢铁公司建立硅钢片的检验基地，同时开展硅钢片的加工织构与再结晶织构的研究，并在铁硅合金中获得了立方织构的形成。

1959 年，陈能宽和中国科学院沈阳金属所有关专家提出"建立晶体缺陷和金属键统一的金属强度理论"的学术思想。1960 年 3 月，他前往苏联考察金属强度研究。5 月回国后调往中科院沈阳金属所工作。

正当陈能宽准备在新的工作岗位打开新局面时候，长城古烽火台的 17 号工地突然响起了"隆隆"的爆炸声。中央组织部一份特别调令，把他调回北京。

迎接陈能宽的是李觉将军。

"你们是不是调错人了？我是搞金属物理的，搞过金属单晶体，但是向来没有搞过原子弹呀！"陈能宽很认真地对李觉说。

李觉将军笑了："调你来没错。我们中国人谁也没有搞过原子弹，就只好照毛主席说的，在战争中学习战争，在工作中学习。当然这个东西该怎样个搞法，这个还是得动点脑筋哦！"

就这样，这位年轻、精悍、精力充沛、两眼炯炯有神、严肃中略显微笑、举止言谈透着儒雅气度和修养的年轻科学家，加入到了中国原子弹的研制行列，踏上了一条陌生又艰险的荆棘之途，日后成为核武器研究院高温高压流体力学和爆轰物理试验的主将。

程开甲——基地核司令

固体物理学家程开甲，也是中组部特别调令请进核武器研究所的。

浙江大学毕业以后，留校担任助教的程开甲，有幸遇上英国著名科学家李约瑟教授来浙大讲学和考察，经竺可桢校长、理学院院长胡刚复和王淦昌教授的推荐，1945 年，在李约瑟先生的帮助下，程开甲获得了英国文化委员会的奖学金。第二年秋，他只身来到爱丁堡大学，成为国际著名科学家玻恩教授的一名研究生，研究固体物理。在这里程开甲认识了玻恩的学生海森堡、玻尔、包里、薛定谔和索马菲尔得等大物理学家。由于许多国际著名科学家都是玻恩教授的好友，使得爱丁堡大学物理系充满浓郁的学术气氛。程开甲回忆说：“在这里，我学到了物理学的许多先进知识。不同学术观点、长时间针锋相对的争论，对我们启迪太大了。”

在玻恩教授的指导下，程开甲主要从事固体物理学前沿的超导电性理论研究，提出了超导的双带模型，发表了 5 篇论文。

然而，生活在具有绅士风度的英国，程开甲却觉得很压抑。他一辈子也忘不了道貌岸然的外国人对他的嘲笑、歧视。

一次，在海边游泳时，一个英国人毫不掩饰地说：“我最不喜欢这种奶油面孔（黄种人），把水都弄脏了。”这件事对他的心灵震动很大。

不久，又因所谓原子弹有关机密资料流失，英国当局曾认为程开甲是共产党的间谍，并派特务跟踪监视。这倒使他想起：为什么帝国主义一听共产党便草木皆兵，吓得要死。

此时的中国，正经历着一场翻天覆地的历史性变革，解放战争的红旗不断向南飘扬。国内好友的一封封来信宣传共产党能救中国。程开甲对祖国抱有热切的希望！

多少朝霞，多少暮色，斗转参横总有时。1949 年学业有成的程开甲获博士学位，并很快被一家英国皇家化学工业研究所聘为研究员。

1949 年 10 月 1 日，新中国诞生了。程开甲激动不已，再也不能平静了:“回归祖国，这是我的必然选择。”50 年代的第一个盛夏，被英国人戏称为“没有国籍”的程开甲，终于踏上了祖国的热土。站在码头上，远望白浪滔滔的大海，觉得昔日那种寄人篱下的感觉一扫而光，他情不自禁地脱口而出:“祖国，母亲！您的儿子回到您的怀抱里了！”回到杭州，他没有回家，便直奔母校——浙江大学。见到亲人，幸福的感觉如春光沐浴，程开甲的眼眶里湿盈盈的。

回国后，程开甲曾在浙江大学和南京大学执教。1960 年，中央一声令下，他先到九所参加原子弹研究工作，不久又奉命到核试验基地组建核试验技术研究所，为我国第一颗原子弹爆炸做技术准备，以后被任命为基地副司令。他全家也于 1969 年从风光旖旎、秀美迷人的江南搬到黄沙滚滚、亘古荒凉的马兰，至 1985 年秋一直生活在新疆罗布泊的大戈壁滩。从 1964 年到 1984 年的 20 年里他参与组织、协调了塔上、地下、空投、箭载的核试验达 30 余次，成为中国当之无愧的“核司令”。

当这位憨厚朴实的“核司令”回忆往事时深情地说:“如果我不回国，肯定不会有这么幸福，因为我现在所做的工作都是和祖国紧紧联系在一起。”

程开甲 2013 年荣获国家最高科学技术奖，2017 年被授予“八一勋章”，并获得“感动中国 2018 年度人物”荣誉。

周光召——随时听从祖国召唤

1961 年请命从杜布纳联合原子核研究所回国参加原子弹理论设计的青年理论物理学家周光召，同其他科学家一样，他的事迹鲜为人知。直至 1980 年春，广州召开分子物理国际会议，他才首次公开露面。时任中国科学院副院长钱三强把他介绍给海外科学家时说:“他是中国杰出的科学家之一。”

在几十年的科海探索中，周光召硕果累累，先后发表了 100 多篇在国际上颇有影响的学术论文，被 10 个国家和地区的科学院聘为外籍院士。

1952 年，周光召由清华大学转入北京大学研究院，师从彭桓武教授从事核物理研究。1954 年毕业后留北大任教。

1957 年，学校决定推荐他到苏联莫斯科的杜布纳联合原子核研究所工作。那时有 12 个社会主义国家的核科学家聚集在这里。周光召告别了妻子和不满周岁的女儿，带着对祖国的无限眷恋之情跨出了国门，来到令人瞩目的杜布纳联合原子核研究所，并且成为早期相继来所的王淦昌教授和胡宁教授的得力助手。

异国他乡的莫斯科郊外，地处奥卡河畔，原始森林里散发出来的空气特别清香，这里的文化生活更是多姿多彩。而且苏联还有法定的每年一度的休假。新的天地、新的文化，对每个中国学者都具有强烈的吸引力。但中国学者不仅自愿放弃休假，而且把晚上的时间以及星期天，都用在学习和工作中。周光召心中暗暗发誓：作为中国人，在这里一定要为祖国争光！他和同伴们的宿舍里的灯光，每天晚上都要亮到 12 点以后。白天，当公式和数据把头脑搅乱时，静静地望着幽静的森林、清澈的奥卡河，会沉淀学者们的思绪，潮湿而清新的微风令其精神振奋、头脑清爽。夜晚，进入梦乡时，仍然思考着课题，甚至突然惊喜地醒来，起身写下梦中的妙计、公式和数据。

自古雄才多磨砺。不畏艰辛的周光召在科学的天地中迎来了春华，又盼来了秋实。当他回首望去，身后已是一片金黄。相继问世的科学论文，使周光召像一颗闪光的新星，升起在国际物理学界，特别是他的《关于相对论粒子的反应》一文，首次用螺旋态来描述基本粒子，连同他相关的姊妹篇，为该领域的创新奠定了基石。几年中他先后完成了粒子物理、量子场论、凝聚态物理、统计物理等数十篇在国际上引起强烈反响的学术论文。他还是国际公认的赝矢量流部分守恒理论的奠基人之一……难怪李政道教授说“在我们同行中，他也是超群的”。

1959 年夏天，中苏关系的列车进入雷区，黑云滚滚，电闪雷鸣，身为学者、中共党员的周光召嗅觉敏锐地预感到形势的变化，开始思考未来的工作，时刻听从祖国的召唤。

这年秋天，核物理学家钱三强突然出现在周光召他们中间。“因为我们不妥协，不退让，拒绝拿主权做交易，人家就要卡我们的脖子，撕毁协议，停止援助，撤走专家。我们只能独立自主发展核科技，并掌握核盾牌。”钱三强的一席话，使中国学者心潮起伏，热血沸腾。

“中央决定，要靠我们自己的力量建立起中国的核科技和工业体系。”钱三强望着沉默、愤怒的中国学子，自信地对大家说。

“我们的心与祖国息息相通。我愿随时听从祖国的召唤。”周光召发自内心地说道。

“我们愿随时听从祖国的召唤！”中国青年科学家发出共同的心声。

载着钱三强的黑色“伏尔加”已消失在森林的尽头，但周光召仍呆愣愣地望着，他的心早已飞回祖国。

夜晚，周光召辗转反侧，难以入睡。中华民族的骨气、激情荡漾的中国心，使周光召懂得此时此刻一个中国知识分子的历史责任。“国家兴亡，匹夫有责”的古训在他耳边响起。索性，他翻身起床，推开窗户。清风拂面而来，令他浮想联翩。祖国、北京，历历在目……

第二天，周光召和同伴们不约而同地提起如何回国报效祖国的方案。民族的尊严、祖国的召唤，让一颗颗中国学子的心紧紧地连在一起。

很快，由周光召执笔的一封请缨书信，带着中国学者的心，寄往北京。“我们作为新中国培养的科学家，愿意放弃自己多年的研究工作，改行从事国家急需要专业。我们随时听从祖国的召唤。”信中的字里行间，包含着儿女们对祖国母亲的挚爱之情。

1961 年年初，第一颗原子弹的理论设计工作进入到关键时刻，为了加强力量，钱三强又开始新一轮的点将工作。

被点将的周光召踏上了回国的列车，开始迎接人生的重大转折和挑战。

周光召回到北京，4 岁的女儿因为陌生还不肯叫“爸爸”的时候，他便匆匆走上工作岗位。但是他不是回北京大学搞原来的理论物理，而是来到核武器研究所理论部，加入到光荣而神秘的事业之中。钱三强、王淦昌、邓稼先，还有导师彭桓武，在这里拥抱了周光召。

于敏——国产专家一号

1962 年 10 月，经中央专委批准，又增调张兴钤教授、方正知教授、钱晋教授等 126 名科研工程技术人员加入到核武器研制行列。

更多的是到全国各高等学校挑选的意气风发的优秀大学生，或带着中央组织部介绍信，从各重点高校、科研单位和重点企业抽调来的技术业务骨干。成百上千的优秀中华儿女云集二机部第九研究所。

他们当中最杰出的代表是于敏。他于 20 世纪 50 年代初从北京大学毕业后，从未出国留学，而是“土生土长”地成为我国乃至世界一流的理论物理学家。也因为这样，人们亲切地称他为“国产专家一号”。在原子核理论研究的巅峰时期，他毅然服从国家需要，改变专业方向，开始从事氢弹理论的探索研究工作。

知识分子在专业选择上是非常慎重的，为改变专业付出的牺牲是痛苦的。但是，于敏深知新工作的重要意义。“核武器是一种保障国家安全的手段。作为一个年轻的大国——中国不能没有自己的核力量，否则就不能有真正的独立。我自幼对民族所受欺压有切肤之痛，为了祖国的安全，我愿意为国家和民族的事业献出自己的一切。”

沉甸甸的使命感、朴素诚挚的爱国心，是他，也是数千年轻科技人员、所有“两弹人”的精神动力。

于敏 2015 年荣获国家最高科学技术奖，2018 年被党中央、国务院授予改革先锋称号，2019 年被授予共和国勋章。

吴自良——祖国的需要就是我研究的方向

1917 年，吴自良出生在浙江省浦江县前吴村，在很小时他的父亲就去世了，所以抚养他的责任就全都落在了母亲和姐姐的身上。吴自良从小就很懂事，全身心地投入到学习当中，每次考试都争取考第一。

1935 年，吴自良凭借优异的成绩考入了北洋工学院。大学毕业后，他进入中央机器厂担任了副工程师，后来又在姐姐的资助下去美国攻读了研究生。

在此之前，航空厂曾告诉他可以通过加入国民党完成他的航空救国大业的理想，但他听说后，斩钉截铁地说：“宁死也不加入国民党。”之后国民党航空委员会就以“逾期不报到”为由将他除名，并宣布永不录用。所以，他的航空梦断送了，只能转而学习冶金。

1949 年，新中国成立了。没过多久，在美国卡内基理工学院金属研究所工作的吴自良就接到了国内老师给他写的信。信中说，希望吴自良可以回国工作。

可当时的吴自良因为美国当局的阻挠不能回到祖国，他便想方设法借着母亲病重的理由回到了国内。

回到祖国后，他和一些年轻科学家受到了周总理的接见，总理动情地告诉他们：“你们都是能够做事的人，现在你们回来了，我们非常欢迎，而且现在国内是一穷二白，什么都没有，希望你们可以尽快地使我们国家经济恢复起来，让国家强大起来。”就这样，吴自良投入到了为祖国奋斗的工作之中。

1956 年 4 月，我国正式开始了原子弹的研发之路。当时，我国的科研力量和经济水平的都不足以单独研制原子弹，所以很大程度上依靠苏联的帮助。可没过几年，中苏关系破裂，苏联专家也随之撤走了。这让中国原子弹研制工作一度陷入瓶颈。这其中就有最为重要的甲种分离膜技术，苏联专家曾说：“甲种分离膜是社会主义阵营安全的心脏，甲种分离膜技术更是绝密中的绝密。”

如果没有甲种分离膜技术，中国就不可能造出原子弹。经过多方考量，国家把这项重要的任务交给了上海冶金所，而技术总负责人自然落到了吴自良身上。

面对这项巨大的挑战，吴自良说：“国家的需要就是我的研究方向。”

从那之后，吴自良便开始隐姓埋名，全身心地投入到研究中。那时候，他并没有什么资料可供参考，全靠自己来一点点摸索，为了争取时间，吴自良每天工作超过 10 个小时，几乎没有一天休息过。那时候国家困难，科学家们的营养有的时候也跟不上，很长时间都碰不上荤腥，很多人都患上了浮肿病。这些他都克服下来了，三年后上海冶金研究所正式报告：

“‘心脏’被攻克，能在中等规模的工厂批量生产；元件性能良好，超过了苏联的元件；造价仅为原来估算的黄金价格的 1%!”

吴自良成功了，这意味着中国成为世界上除了美、英、苏以外第 4 个独立掌握浓度铀生产技术的国家。

当时，钱三强听说技术难关被克服后，激动地说：“这么快解决了原子弹关键性的难题，震惊、开心！”

他不仅仅为我国第一颗原子弹安装了心脏，更让中国的腰杆挺直了，让中国永远不再被欺负。

二、水下长征，国之盾牌守国门

“一天深夜，我们核潜艇在海南岛以南海域巡航，我坐在核潜艇的舰桥顶上，舷外浪花飞溅，海风拂面。我抬头遥望北方，祖国大地笼罩在夜色蒙蒙中。想此时，辛劳了一天的祖国人民，为了迎接更加美好的明天，正在幸福中安心休息；嬉戏困累了的幼儿，正在母亲温暖的怀抱中甜甜地睡去——祖国一片宁静安祥。心中不由得浮起：祝福您，我的祖国！我们的核潜艇正在保卫您，正在保卫祖国的繁荣富强和人民的幸福安康！为了您，我们愿意付出一切，再苦、再累、也值得！”

——中国第一代核潜艇首任副总设计师赵仁恺

无论是 2018 年的南海海上阅兵，还是庆祝人民海军成立 70 周年海上阅兵，在受阅队列中，首先出场的都是核潜艇编队。作为捍卫我国国防安全的重要核力量，核潜艇自 20 世纪 50 年代便受到毛泽东主席等老一辈党和国家领导人的高度重视。在老一辈无产阶级革命家的指引下，中国核潜艇从一张白纸起步，几经磨砺，默然成军，成为我国战略核力量的重要组成部分，为保护国防安全提供了有力保障。

（一）跨越发展，白手起家谋重器

1. 艰难起步，擎开业之石谋宏图

1949 年，成立 28 年的中国共产党团结带领中国人民推翻了三座大山。10 月 1 日，毛泽东主席在天安门城楼上庄严宣布“中国人民从此站起来了”。但是，世界并不太平，强敌环伺。

1950 年 6 月，朝鲜战争爆发，美国宣布第七舰队进入台湾海峡。此后，美国等帝国主义列强更是将战火烧到了中国的家门口。10 月，为了保家卫国，中国人民志愿军赴朝作战。11 月，美国将原子弹运到了停泊在朝鲜半岛附近的航空母舰上，并进行了模拟核袭击。11 月 30 日，时任美国总统杜鲁门在记者招待会上声称，将采取包括原子弹在内的一切必要措施来应对当时的军事局势。1953 年秋，美国把装有原子弹的导弹运到冲绳。

刚刚带领中国人民从战火中摆脱不久的老一辈党和国家领导人深知，只有加强自己的军事力量，缩小与他国的差距，才能够有效地保卫国家安全。国外友人也对中国发展尖端武器提供了建议。

图 2-42　苏联援建我国的第一座重水反应堆

1950 年，中国科学院近代物理研究所成立，开启了发展原子能事业的序幕。1954 年，广西发现了铀矿石。

1955 年 1 月，党中央、毛主席根据铀资源的勘查情况，高瞻远瞩地提出要大力发展原子能工业，中国核工业从此起步。同年，中国政府作出了正式接受苏联援助中国和平利用原子能的决定。苏联计划帮助中国建设“一堆”（7000 千瓦重水反应堆）、“一器”（直径 1.2 米的回旋加速器）。

1955 年 10 月，中央决定在北京西南远郊坨里地区建设原子能研究所的新基地，1956 年 5 月破土动工。

时值核工业初创时期，是真正的零起点起步，一穷二白。为了完成党中央、毛主席交付的任务，各有关部门根据党中央的指示将大批高素质专业技术人才从全国各条战线抽调到核工业系统，中国原子能事业步入发展正轨。

2. 外电报道，搞尖端武器须趁早

1954 年 9 月 30 日，美国第一艘核潜艇“鹦鹉螺”号服役，1957 年 8 月，苏联的第一艘核潜艇（N 级）也下水试航，从此美苏两个核大国均成为拥有核潜艇的国家。核潜艇是当时最先进的水下武器，在世界战略格局中具有特殊的地位，它的隐蔽性好、攻击力强、续航力大，以广袤的大洋为屏障，是海洋国家展示军事力量的秘密“撒手锏”，更是有核国家“三位一体”战略核力量中最有效的二次核打击手段。也就是说，只有拥有了核潜艇，特别是拥有弹道导弹核潜艇的国家，才称得上是具备战略核反击能力的国家。

在“鹦鹉螺”号下水之后，二机部和海军的有关人员通过国外报刊的报道发现了核潜艇这一水下利器。在对相关情况进行了解后，军队的有关领导倍感振奋，海军和二机部分别对建造核潜艇形成了初步设想。

1958 年 6 月 13 日，我国第一座实验室重水反应堆建成并达到临界。

这标志着我国第一个核反应堆达到了正常的运行水平，核反应堆这个昔日神秘而坚固的“堡垒”逐步被打开缺口，对研究船用核动力装置具有一定的参考价值。基于此，海军和二机部分别向聂荣臻元帅提出了关于趁势研制弹道导弹核潜艇的建议。

当时，聂荣臻元帅任国务院副总理，兼任科学规划委员会党组书记，主管科学技术工作；同时任中央人民政府人民革命军军事委员会副主席，主管军队武器装备工作，还是中央指定的领导原子能事业的三人小组成员。聂帅收到建议后，认为应该及早开展导弹原子潜艇的研制工作。他对相关问题进行了深入研究，详细提出了中国研制核潜艇的理由、大体方案、组织机构、任务分工、生产部署、进度设想，起草了《关于开展研究导弹原子潜艇的报告》，并向党中央报告。

毛泽东主席、周恩来总理、邓小平、朱德、彭德怀等老一辈无产阶级革命家于同月 30 日传阅后均表示同意研制。随即中央还成立了以罗舜初为组长、张连奎为副组长、刘杰和王诤为组员的“核潜艇工程领导小组”（中央四人小组）来组织、筹划有关中国核潜艇的研究设计工作。

7 月初，这项涉及许多工业部门的国防尖端工程在海军、二机部、一机部、冶金部、化工部相继成立研制机构，开始积极筹备组建核潜艇总体设计组和核动力设计组。

7 月，海军舰船造修部和一机部船舶工业管理局联合组建了核潜艇总体设计组。海军舰船修造部副部长薛宗华大校派任组长，一机部船舶产品设计院副院长王星朗为负责人之一，海军政治部青年部副部长曹磊任支部书记。

8 月，二机部根据国防科委《关于自行研制导弹原子潜艇的决定》，成立以宋任穷部长为组长、刘杰副部长任副组长，相关领导和专家组成的核潜艇核动力设计分组。9 月，二机部成立了由二机部设计院和原子能研究所联合组建的潜艇核动力设计组。组长为赵仁恺，反应堆组有韩铎、周永茂、董茵、姚敏智、訾绍芬，一回路有李乐福、张敬康、周泉通、白国柱，自动控制组有蒋滨森、肖永定、龚云峰、孟繁淑、陈恩衡、曾记直，剂量组有昝云龙、王荣廷。

在中华人民共和国成立之初，国家一穷二白的基础上，党和国家领导人高瞻远瞩、有关部门敏锐洞察，做出研制核潜艇的决策，为我国及早启动核潜艇研制工作，日后成为第五个拥有核潜艇的国家奠定了坚实基础，为守护国家安全作出了历史性贡献。

3. 问苏受阻，谋自主研制核潜艇

按照党中央最早争取外援为辅的原则，有关部门认为应力争得到苏联对中国核潜艇的援助。为了尽早争取外援，建造自己的核潜艇，1957 年，中国政府派出以萧劲光为团长的海军代表团访问苏联，但是当代表团提出援助核潜艇建设项目后，对方含糊其辞，态度并不明朗。

1958 年，苏联邀请中国专家代表团访苏，商谈购买、引进和咨询海军技术装备事宜。为了再一次试探苏方的态度，中央决定在访苏商讨内容中加入核潜艇，并且安排二机部核潜艇研究设计组相关人员随行，以便尽可能多地增加这些研究人员关于核潜艇的认识。

此次出访的团长是海军政治委员苏振华，副团长为海军副司令员方强、一机部副部长张连奎、二机部副部长刘杰。

临行前，苏振华政委召见了二机部分团（动力组）的刘杰、白文治、赵仁恺、董茵，开会研究赴苏考察谈判的准备工作。会上苏政委传达了周恩来总理的指示，要做好充分准备，利用好这次考察机会，要细看、多问、深

谈。为了完成谈判时能提出“问题”，二机部分团的人员采取了两条措施：一是到各个科技图书馆，广泛地调研与反应堆、核动力有关的报刊、书籍等资料；二是到海军基地的常规潜艇上去体验生活。距离出访只有一个多月，他们调研了所有可能找到的资料，翻阅了一些原版书籍，在反应堆、核动力方面终于获得了新的知识，拿出了一个核潜艇的访问谈判提纲，共 50 多个问题，为出国做了必要的准备。

这 50 多个问题，现在看来可能都比较浅显，但在当时，对这些不熟悉反应堆专业的技术人员来说，的确是难能可贵的。在这些问题的基础上，经过研究讨论，代表团确定了拟向苏联给予技术咨询的 38 个问题作为谈判提纲。这个谈判提纲主要围绕压水堆设计原则、潜艇对反应堆的特殊要求、堆型选择、压力容器、活性区物理、热工参数、燃料元件选择、堆控制及辐射防护的特殊要求、一回路及其辅助系统的设计原则等问题。

1958 年 10 月 21 日访苏代表团一行共 34 人起程赴苏，12 月 21 日返京，行程整整两个月。正式会晤于 10 月 24 日开始，中国政府专家代表团就核潜艇援助等三个主要方面与苏联部长会议对外经济联络委员会主席阿尔希波夫进行会谈。在长达两个月的马拉松式谈判桌上，苏方要么避实就虚，要么闪烁其辞，一般性的工业项目达成了一些协议，但关键性的东西则尽量推脱或予以否认。比如 1957 年协议中说好了，原定今年应给中国一套原子弹教学模型和一颗原子弹样品，现在苏方则诡称“中方仓库未搞好”，继而又说“中方的保密条件不理想，因此不能按期交货”。但等到苏联保密专家亲自到中国看过并认为“合乎保密条件”以后，苏方又借口他们的准备工作出了岔子，仍不能按期交货等。总之，种种迹象都暴露出苏方不愿意履行“协议”，谈判进行得异常艰难。

11 月 7 日，苏联的十月革命节到了，苏方把中国代表团当作“尊贵的客人”，请上了红场的列宁墓观礼台，但谈判仍拖拖拉拉。

代表团在苏联已经十多天了，谈判仍然处于马拉松状态，总体进展不顺利。关于核潜艇的问题，经过代表团的慎重研究，认为无论如何，即使碰钉子也要提。于是在一次约谈会上，中方代表团向苏方提出了在核潜艇方面请“老大哥”给予援助的问题，没想到比预期的情况还坏。谈判对手波哥丹诺夫很有礼貌地说：“对不起，关于核潜艇，我无可奉告，因为它不在谈判的范围内。”接着又补充说：“据我所知，核潜艇问题，我们正在研究当中，我不了解情况，这个问题你们应该找最高统帅部去谈！”看来，在核潜艇方面的“闭门羹”是吃定了。

耳闻目睹了苏联官方人员拒绝提供研制核潜艇资料的尴尬局面。代表团的同志们心中更加清醒地认识到：高新尖技术是买不来的，更何况刚刚研制完成核潜艇的苏联，就更不可能这么爽快地将自己辛勤劳动的成果白白交给中国。国与国之间尖端国防技术，都牵涉国家利益。天上不会掉馅饼！

11 月 11 日，代表团根据党中央的指示，既然苏方对核潜艇技术援助采取回避态度，就不再主动询问，原则上尊重苏方意见，在力争外援不到的状态下，可让二机部分团将潜艇核动力设计组提出的 38 个技术问题——《32 个问题 6 条意见》提交给苏联政府，咨询苏方原子能研究部门，请他们帮助提些意见和看法。这 38 个问题涵盖了核动力堆主方案、主参数中提采用压水型双堆、小流量、大温差、压力壳锻造，以及是否建造 1∶1 陆上模式堆等问题。尽管当时大家都感到得到答复的机会很小，不抱太大希望，但二机部分团的人还是毫不气馁，他们相信苏方核科技人员是不会拒绝中国核科技人员抛出的橄榄枝的，科技人员的心是相通的。

尽管当时苏联原子能部门没有提出任何意见，但还是友好地邀请他们对核设施和核研究机构进行参观。这对代表团一行来说就是机遇，他们充分利用访问苏联原子能总局、列宁格勒核工程设计院、苏联库尔恰托夫原子能研究院、列宁格勒造船厂、莫斯科奥布宁斯克动力工程物理研究院的机会，在访问过程中进行了卓有成效的咨询。

参观“列宁”号原子破冰船时，代表团成员赵仁恺通过调试运行的总工程师，了解到当时 3 台压水堆正在调试，就此他和董茵便抓住机遇，接连提出了很多技术问题，均得到这位总工程师热情洋溢的回答。刘杰副部长见状尽量拖延时间为技术人员创造条件，便提出要为破冰船题词，苏方很高兴地为他准备笔墨。刘杰副部长因为题词在“列宁”号破冰船反应堆堆顶上等候了 1 个多小时的笔墨。这 1 个多小时当然为赵仁恺他们实体观摩反应堆系统，抄写流程图赢得了宝贵的时间，加上董茵用俄语向陪同他们的技术人员连珠炮式地提问，尽管苏方人员有些应接不暇，但他们还是都十分友好地进行了解答。11 月 21 日，苏方带领二机部分团赴莫斯科郊区奥布宁斯克工程物理研究院参观。他们第一次见到了 5000 千瓦核电厂以及石墨水冷堆、5% 浓缩铀元件的“世界第一座实验核电厂”、快中子零功率装置等核设施。11 月 22 日，他们在莫斯科参观访问了苏联国家原子能委员会库尔恰托夫原子能院，访问了西多连柯教授主持的核反应堆部，西多连柯主要主持领导苏商用核电厂压水动力堆设计（苏联是设计导师制，技术上领导其他设计院工作），通信院士赫洛普京主要主持领导破冰船（潜艇模式堆）设计，解决了中子物理相应应用模型，并在此基础上建立起活性区计算方法，直至运用于船艇动力堆上。

他们还通过访问冈恰洛夫博士，参观了“和平”号材料试验堆及其燃料元件试验回路装置，参观了反应堆热工水力台架实验室。在这里，他们第一次亲眼看到在堆内考验过的燃料元件和结构件，包括“列宁”号破冰船堆用燃料元件及所用的不锈钢和锆合金包壳管及元件盒，还有很多堆型的元件，摆了满满一屋子。对他们而言，第一次看到这么多琳琅满目的燃料元件，仿佛饥饿的人看到一桌丰盛的满汉全席，激动万分。代表团的连培生和董茵连续向陪同的苏方技术人员提问，赵仁恺则全力观察、用心记录它们的信息。

图 2-43 “列宁”号核动力破冰船

紧张的互动交流在兴奋中很快就过去了，他们几乎忘记了吃晚饭，流连忘返地徘徊在元件堆里。负责接待他们的原子能总局的领导催促他们用餐，他们提出能不能再来一次，接待副局长态度十分傲慢地说：“这是科学院，不是小学校，就是再来十次你们也学不会、做不出来！”刘杰副部长见状，向这位副局长做了意味深长的解释：“现在不会，是因为他们外行，但他们在不会太长的将来一定是内行。”这位副局长自感理屈，赶紧向他们道了歉。第二天，苏方虽然没有安排参观，却进行了一次简单的答疑。

同时，其他分团也在行动。他们考察了常规动力导弹潜艇、中型常规潜艇、潜射弹道导弹、快艇、飞航导弹等武器装备。特别是有目的地参观了位于列宁格勒的“196”造船厂及该厂生产的“641”型潜艇，并参观了位于高尔基城红色索尔莫沃造船厂和该厂生产的“633”型潜艇，还专程到喀琅施塔得海军基地参观了以过氧化氢蒸汽燃气轮机为动力（即不依赖空气的动力装置）的“617”型常规潜艇等。

到了 1959 年 1 月中旬，苏方对中国就核潜艇提出的问题仍然没有答复。中方决定苏振华、张连奎及秘书组少数人员留守，其他成员陆续回国。其中海军组和造船组由海军方强副司令员带队，专程赴海参崴参观了苏远东潜艇导弹试验基地和由共青团船厂建造的“629”型弹道导弹常规潜艇（西方称 G 级，我国称“31”型，这是该级潜艇的首艇，当时这艘潜艇正在试航中），1 月底结束海参崴的访问，乘火车北上，经乌苏里斯克（双城子）出境抵达绥芬河回国。

为了不受干扰地总结好这次访苏之旅，刘杰副部长决定带领二机部人员乘火车回国，利用乘车时间做好考察总结。在苏联整个参观和谈判的过程中，二机部分团成员认真观察、用心记录，不放过任何一个细节，穷追不舍，力争把所有能记录的内容都记下来、带回国。“列宁”号破冰船反应堆流程、零功率核反应堆的结构和功能、各种类型的核反应堆燃料元件等，每一次参观的全过程都深深地印在代表团成员的脑海里。

在苏联的三个半月的商谈中，中方同苏方分别进行了 5 次对口商谈，会谈中的重大问题都及时报告中央，并经毛泽东和周恩来的批准，最后一次会谈是讨论《关于在中国海军制造舰艇方面给予中华人民共和国技术援助的协定》（简称《二四协定》）草案的修改意见。

1959 年 1 月 29 日，毛泽东、刘少奇、邓小平、陈毅、李富春等圈阅同意了《二四协定》草案，并于 2 月 1 日由中央军委致电苏振华，同意正式签订《二四协定》。1959 年 2 月 4 日，苏振华和苏联对外经济联络委员会副主席阿尔希波夫分别代表两国政府共同签订了《二四协定》，然后留守人员于当日全部离开苏联回国。按照《二四协定》，苏联政府向中国提供5种型号的舰艇，即“629”型常规动力导弹潜艇（代号6631）、“633”型中型鱼雷常规潜艇（代号6633）、大型导弹快艇（代号6621）、小型导弹快艇（代号6623）和水翼鱼雷艇（代号6625）；还有1种潜对地弹道导弹、1种舰对舰飞航式导弹、51项舰艇配套设备的技术图纸资料和部分装备器材等；同时将上述项目的建造特许权转让给中国海军，并派专家来华指导。

总体上，中国政府专家代表团虽然没有看到苏联刚刚服役的第一艘攻击型核潜艇，《二四协定》也没有涉及核潜艇项目，访问过程中提出的针对核潜艇的问题也没有得到正面及时的回答，但赴苏考察仍然有一定收获。

二机部分团通过考察学习民用核设施和核技术，获得了不少核知识，比如，参观了停泊在“194”造船厂（即海军上将造船厂）码头尚未交付的“列宁”号核动力破冰船，见到了破冰船上的核动力装置实物，并获赠一张“列宁”号破冰船模型的照片。因为苏联第一艘核潜艇上的反应堆就是“列宁”号核反应堆的改进型，所以对于我们还是有实际意义。我国派去的造船专家和武器行家们也考察了当时苏联最先进的几型常规潜艇，获取了有关技术资料，特别是“629”型常规动力弹道导弹潜艇具有很重要的借鉴作用。1959年，大连造船厂开始建造“629”型潜艇时，由于中苏关系破裂，中方无法得到配套的潜射导弹，便对潜艇的导弹发射装置进行了相应的改进，于1966年8月改建成功，我国称其为“31”型潜艇，它是我国长期以来唯一的一艘常规动力弹道导弹潜艇，主要用于训练和试验。该艇的建造为我国后来自行研制核潜艇准备了技术队伍，提供了条件，该艇也成为我海军弹道导弹核潜艇的参考母型和潜射战略导弹最重要的海上试验平台。

1959 年 4 月上旬，苏联驻华使馆转来苏方的《对于导弹原子潜水艇研究设计初步方案所提各项问题的回答》，对我代表团提出的问题作了较明确而详细的书面回答，进一步坚定了我国研制核潜艇的信心。

根据《二四协定》，苏方于 1959 年 5 月开始陆续提供常规潜艇的技术图纸资料，并派专家到中国，一机部着手组织了设计队伍。然而，仿制还没有开始，就因中苏关系变化遭遇挫折。《二四协定》执行半途而废，已经订购的材料、设备有的停止供应，有的以次充好，图纸资料残缺不全，仿制工作陷入困境。《二四协定》虽然没有对核潜艇研制带来直接帮助，但整体上还是推动了我国潜艇工作的研制进程，为后续建造核潜艇提供了基础。

经过对苏联的访问和之后的工作开展，开展核潜艇研制的成员认识到要搞尖端国防，首先要破除迷信，防止崇洋媚外，战术上要执行土洋结合的政策，核潜艇研制建造不能全部照搬苏联民用核反应堆和常规潜艇的技术，要独立思考，善于借鉴，自力更生，加快人才培养。这次访问，进一步坚定了一定要自主搞出核潜艇的决心。

（二）砥砺前行，几经波折得突破

1. 奋战两载，设计草案初获认可

访苏结束后，二机部设计院正式开始潜艇核动力的研究，提出了一个初步方案，列出 126 项需要攻关的尖端项目清单。如果说前面的几个月工作是“纸上谈兵”，后续工作的重点就是如何落实，同时继续“纸上谈兵”。由于当时生产堆研究时间紧张，经二机部讨论决定，原子能研究所集中精力研究潜艇核动力堆。1959 年 2 月，潜艇核动力装置研究设计组已经由成立之初的 18 人增加到 48 人，其中来自原子能研究所的有 12 人，来自哈尔滨军事工

程学院的有 19 人，还有航空工业部第五研究设计院的 17 人。

为了协助潜艇核动力装置研究设计组尽快打开局面，让研究人员早日进入反应堆设计阶段，二机部指定原子能所副所长李毅作为项目的负责人，并要求原子能所从组织和人力上加强潜艇反应堆工程力量。为此，李毅副所长将设计组人员整体编入承担潜艇核动力堆任务的十二室（时任室主任是反应堆专家连培生，副主任是屈智潜和孟戈非）。这次调整后的十二室共包括五个大组，第一组为热工水力组，第二组为元件堆组，第三组为快堆组，第四组为自动控制组，第五组为潜艇核动力组。其中，赵仁恺为第五组的组长，李乐福为副组长，王廷夫为支部书记。将潜艇核动力装置研究设计组整体编入十二室，为该组获得更多技术支持提供了体制保障，为相关工作的开展提供了有力支撑。

李毅副所长对赵仁恺说："年轻人，努力地干，原子能所就要在突出能字上作出贡献，我这个后勤部长已为你搭好了十二室第五大组这个舞台了，在重水堆大厅的背后，这座二层楼的房子僻静，保密性也强，一楼就交给你们，还需要什么？有啥困难，说一下就行，我要人给人，要物有物！小赵，好好干，争取早日闯出一条发展核反应堆工程的路来。"李毅副所长的一席话，不仅令赵仁恺十分感动与感激，而且使他浑身充满了大展宏图的干劲。许多年以后，赵仁恺跟人说起当年潜艇核动力的研发，都不忘记提起李毅："潜艇核动力研发，我们设计组是'龙头'，但原子能所的李毅才是真正的'元帅'，他是调动所里所有的资源为反应堆设计服务。"

在十二室第五大组这批朝气蓬勃、无所畏惧、勇往直前的科技人员中，年龄最大的赵仁恺也只有 35 岁。除哈尔滨军事工程学院和航空工业部第五研究设计院派来的一批年轻教师和科技人员外，其余全是年轻的大学毕业生。这真是一批不怕虎的初生牛犊，也是中国潜艇核动力的希望所在！

当时正是“大跃进”和“突出政治”的时代，政治学习和政治运动天天不断，但第五大组的百余人，除了星期六的政治学习和重要传达必须参加外，一般的政治活动都可免于参加。全部时间都投入到轰轰烈烈的业务学习中。这种特殊情况在那个政治挂帅的年代，可谓独树一帜，这都源自李毅副所长的支持。为了弥补因政治学习而耽误的业务工作和业务学习进度，第五大组的同志也和全所一样，根本不是八小时工作制和周日休息，而是除了必要的睡眠时间外，全部时间都投入到紧张的业务学习和繁忙的工作中去。

1959 年，全国的经济困难迹象开始暴露出来，大家的伙食很差，经常吃粗粮，油和蔬菜也很少，至于肉食更是少见。

虽然如此劳累和辛苦，却没有听到谁有怨言。赵仁恺后来在一篇回忆文章中写道：“我们参加到刚组建的潜艇核动力研究设计工作后，认识到任务的重要性和艰巨性，都深深领会到这是毛主席交给我们的任务，对我们每一个人来说都是最大的光荣，决心不辜负党和人民的信任，为毛主席争光，为全国人民争气！要发扬延安革命传统精神，艰苦奋斗，自力更生，不怕困难，奋发图强。要坚持实事求是的科学态度，在战略上藐视困难，在战术上重视困难。我们坚信，有党中央、二机部强有力的领导，有全国人民的大力支持，有全国最优秀的原子能科学家和全国有关单位的大力协同，我们就一定能克服一切困难，胜利完成任务。”

当时，参加潜艇核动力研究设计的工作人员，除了个别同志外，绝大多数都是从各个专业转过来的，为了完成核动力的研究设计就必须从头学起。赵仁恺带领大家从最基础的知识开始，艰难入门，随着知识的积累，接触的问题越来越多，越来越深，对核动力设计的认识也越来越成熟。

众所周知，常规动力的潜艇往往续航能力有限，而装备核动力装置后，将使得潜艇的续航力、自持力、潜深、航速、隐蔽性和机动性能均得到很大的提高。在海军装备中，无论是战略层面还是战术层面，核潜艇都是举足轻重的现代化战略武器装备。

当时，世界上只有美国刚刚研制成功核潜艇，所有技术资料毫无疑问是高度保密的。而核能反应堆应用也只有美国刚刚建成的“希平港”核电厂和苏联“奥布宁斯克”核电厂以及后来美国的“萨凡娜”核商船、苏联的“列宁”号破冰船，可供参考的资料很少。而且，早在 1957 年 10 月中苏进行国防新技术协定谈判时，苏联就明确拒绝向我国提供研制核潜艇的任何资料。核潜艇到底是什么样子，参研人员，包括赵仁恺这些专业骨干，谁都不知道，谁也没见过。何况即便是常规潜艇，中国当时也还在研制中。一无经验、二无参考、三无人员，开展核潜艇核动力研究设计遇到前所未有的巨大困难。

如何尽快组织第五大组的人员开展设计工作，赵仁恺冥思苦想，他考虑到相关人员大多是半路出家，理论底子薄，决定采取边学边练的方式开展工作。

说干就干，时间不等人。赵仁恺组织第五大组开展了专业学习，把美国格拉斯登的《原子核反应堆工程原理》和苏联的《原子核动力装置》两本书作为必修课。考虑到大家基础薄弱，就请组内几位有研究能力、水平较高、有专长的同志担任教员。每本书都由专人负责，制定学习计划，每月完成一定学时。不仅有授课，有讨论，每学完一部分还要进行测验，目的是使大家对反应堆基本理论和知识都能掌握。此外，各个专业组还根据本专业的需要，请本组内或组外有专业基础的同志开辟专题讲座。

为了进一步检验学习成果，进行“练兵”，赵仁恺组织开展了探索设计。如何开展探索设计？既没有可以参考的案例，又没有外援，时间紧迫，赵仁恺经过反复思考，决定要摸着石头过河——先选中反应堆的堆型，把住反应堆设计这个牛鼻子。

赵仁恺组织相关人员跑遍了北京市内的图书馆，查阅科研院所、高等院校有关的资料。从当时一些公开的图片和资料中了解到有压水堆、重水堆、高温气冷堆等堆型，究竟哪种堆型适合动力堆，而且适合中国国情呢？他和大家在分析对比中采用排除法逐项排除，最后确定中国的潜艇核动力装置采用压水堆方案。大方向的确定，为进一步形成框架、突破重点、建立系统、统筹布局、综合设计奠定了根基，避免了后续走弯路。

随后，大家聚精会神，群策群力，重点开展压水堆资料的调研和搜集。对于这项尖端技术，国外完全对我国进行技术封锁，连签署过中苏友好协议的苏联在核潜艇技术上也是保持着沉默。可用的资料和图片廖廖无几，这场科研设计之前的入门攻坚战的难度可想而知。

早期的设计工作没有压水型动力堆型可供参考，他们边干边学，缺什么就补什么。找到的一些资料，也因为材质与印刷质量，不得不用显微卡，印制放大资料太费钱，就用修钟表的放大镜，凑在显微卡上读；没有复制设备，就用手抄写；没有电动计算机就用手摇计算机，计算一个方案动辄计算机要不停地摇一个月。

虽然条件很差，但大家热情高亢，不叫苦、不怕累，夜以继日，努力拼搏。办公室每晚都是灯火通明，大家一般都是晚上十一点以后才回宿舍，而第二天早晨七点又都出现在办公室；他们遵守纪律，严格保密，集体战斗。自学、互学，请科学家当老师，开讲座，听讲课，那种奋发图强、废寝忘食，为了出成果、出人才，战斗中成长的日日夜夜，让赵仁恺终身难忘。

他们在调研中认识到反应堆物理设计是工程设计中关键的关键，必须首先突破，才能摸到核裂变的脉搏，才能找到可控核裂变的钥匙。就像中医中的摸脉和看相，诊断病情，对症下药。只有尽快地摸准物理能转变为热能的机制，才能逐步厘清反应堆中的各系统专业的关系。在忘我寻找科研和设计突破方向的过程中，可谓是面对千难万险不屈不挠、不畏挫折迎难而上、锲而不舍只争朝夕地攀登潜艇核动力这座高峰。

反应堆涉及物理、热工、结构、屏蔽、控制等子系统的方案和设计，为了充分汲取每个人的智慧，最大限度地发现问题，提高探索设计的科学性，第五大组在组内充分推行技术民主，各种方案和各种参数的设计几乎都是采取提问的方式进行民主讨论来确定。先是某个单项，再从单项到系统，再将系统合成，完成由物理裂变到热工之间的转换。在充分讨论的状况下，一系列需要解决的问题相继被提出，为后续开展设计提供了指引。

这些问题都相当尖锐，观点不同的人之间往往争论得面红耳赤，但最终争论失败的人认识到错误后也会欣然接受。在摸着石头过河的过程中，这种讨论既合情合理也十分必要。也正是这种广泛而深入的讨论，使各种可能的问题都暴露出来，这些问题都汇总在赵仁恺的脑海里，他一遍又一遍地进行梳理、思考，一个也不放过。

经过一段时间的实践和深入的思考，设计人员发现，他们所调研和掌握的不过是核潜艇的冰山一角。比如要加快核物理计算，就必须采用计算速度快、容量大的计算工具；要验证设计参数，就要先开展零功率堆建设；热工设计中的许多参数也必须建造热工台架进行试验。还有，由于潜艇核动力是服务于潜艇设计，潜艇核动力设计中的主方案与主参数必须与核潜艇主方案和主参数相匹配。在设计过程中可能因为二者不匹配，需要调整后重新设计，设计好后才能将设备材料、仪器仪表等研制项目进行梳理，向分布在全国二十多个省市的有关工业材料制造厂、院、所，高等院校布置研制任务，并探讨协调方式和方法。

随着设计工作的全面铺开，他们更加深刻地意识到任务的艰巨，潜艇核动力设计绝非一日一时之功，绝非一个第五大组、十二室、原子能所乃至二机部能够独立完成的，需要全国各行各业大力协调，才能推动该项工作。因为潜艇是巨大的系统工程，核动力装置是这个工程中最关键的系统工程，这项工程涉及物理、热工、自动控制、化学、材料等十多个专业和学科交叉集合，是科学与技术、工程与管理的综合体。它需要每个人都充分发挥出自己的聪明才智，还要将所有人的智慧充分地集中起来；与此同时还需要充分调动各专业学科的所属单位和部门的积极性与团结协作，并且还必须有统一指挥、统筹协调的组织机构。

面对远超预期的压力，他们没有退缩，党中央、毛主席的号召在心间翻腾，刘杰副部长、李毅副所长的话还响彻在耳边，他们心中下定决心，哪怕有再多困难，也要咬紧牙关、迎难而上，拼上性命也要完成党中央、毛主席交付的任务。

赵仁恺将工程设计、科学研究与工程管理中急待解决、尚需上级支持和解决的问题和办法，呈书上报原子能所和二机部。

二机部党组经过研究，对此予以全力支持。1959 年 4 月，原子能所体制大调整，将各个研究室分成三条战线：物理线、化学线、堆工线。其中，划归堆工线的有十二室、101 室、四室的堆理论部分、六室的堆材料、十三室的核电子学部分，以及材料堆室和反应堆战线有关的科研人员八百余人，当时堆工线还请科学家彭桓武担任科学顾问。反应堆的各个专业可谓门类齐全了。

在开展技术攻关的过程中，针对核动力装置研制的难度，设计人员从指导思想上提出遵循“在战略上藐视，在战术上重视”“科学求实”的精神，“扎扎实实，一步一个脚印”地从单项试验开始，逐步冲向了可控核裂变的前沿。随着工作的深入，研制工作困难重重，协作试制工作千头万绪，他们认识到要在有限的时间里完成研发潜艇核动力装置的任务，一定要主次分明，厘清主要矛盾。于是，第五大组提出首先应从物理和热工结构上选定适用于潜艇核动力反应堆的最佳堆型，根据反应堆功率大小，确定燃料元件的铀富集量、元件包壳材料；突破核物理在堆芯布置的计算和提出各项零功率试验计划。而拟出主方案和主参数，提出堆芯构件、堆控制方案，明确一回路材料和设备的研制方向，进行试制项目研制的统筹安排与计划布置，这是关键。

随着技术攻关工作的深入和问题的不断提出，对核动力的理解越来越深入，由此及彼、举一反三，又引出更多的问题，到 1959 年年底，赵仁恺在日记本上梳理了 1500 多个技术问题。在其后的两个多月，他又先后组织了两次方案论证和方案汇审。

大家攻关热情高涨，都全神贯注地战斗在一线。随着规划设计工作的深入，在连培生和孟戈非领导下的堆工线也遥相呼应，全面出击，在各方面共同努力之下，集中优势兵力打局部和项目上的歼灭战役此起彼伏，捷报频传，许多重点项目和关键问题都在迎刃而解，如堆芯燃料元件材料选定为锆材，堆控制棒材料银铟镉与铪的选择确定，为反应堆控制方案及其系统方案的规划与材料、设备攻关的布署，都赢得了宝贵的时间和空间。在提出重点试验和实验项目中，许多当时还没有条件去做，但在科研设计上他们就以假设的课题进行攻关。

核动力装置各个系统和各个回路的设计都在紧锣密鼓、如火如荼地开展攻关，攻关的阵容庞大，攻关的热浪一波又一波地在原子能所内掀起。大家都动脑筋，想办法提出问题、解决问题，众志成城。为了充分调动“堆工线”外其他科室、组人员参与这项工程设计与科研的积极性，更大范围地集思广益，开展技术民主讨论，在李毅副所长“要人给人，要物给物，一路绿灯”的支持下，十二室材料及元件组李林、彭士禄、沈俊雄，自动控制组吕德贤，热工水力组梁宝庭、李蔚芳、李炳书等 20 余名各专业骨干也参与进来。为听取意见和培养新人，第五大组还邀请了哈尔滨军事工程学院朱起鹤、王渭芳、曹昌佑等教授和前来“种菜”的 20 余名师生。

他们聚在一起，讨论重点是对核动力装置与艇总体、堆芯结构设计与材料和设备选型，以及总体与一、二回路等组成部分之间的制约关系进行综合协调平衡等。当时的口号是，人人都要为主方案、主参数设计动脑筋、提设想、搞调研、计算分析设计。在此基础上他们马不停蹄，多方奔走，协调艇总体设计，项目和课题合作进展，请所内钱三强、黄祖洽、连培生、何泽慧等专家进行核动力装置设计会诊。听取专家们的意见后，再进行深入研究，脉络畅通地制定出堆结构、一回路、压力容器和燃料元件包壳材料以及堆物理、热工计算、减温减压、减振消声、蒸汽除湿等 14 项尖端技术和 65 个关键项目的攻关计划。根据这个初步的计划，他又带领这些关键材料、项目和设备到一机部、冶金部、四机部、化工部、中科院、有关高校进行试制技术与研制合作交底。

在原子能所内，第五大组组织韩铎、孟希哲等人对物理计算展开持续的攻关，当时设计人员除了每人一把计算尺外就是手摇机械计算机。由于计算工具和试验设施的限制，计算速度决定了核动力装置反应堆堆芯结构等的设计。

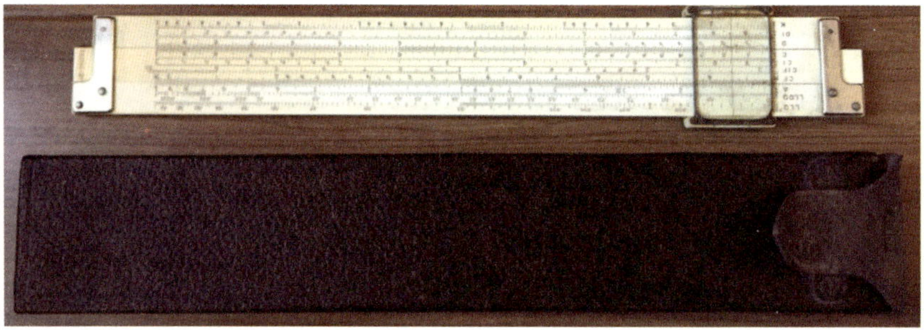

图 2-44 计算尺

为此，第五大组向电子计算机研究所寻求援助与协作，在安排了物理计算的同时，还向原子能所提出加快零功率、临界热流密度等试验任务。韩铎、周明生等人在计算房间加班加点。韩铎等人使用几台手摇计算机验证搜集到的 49 种物理计算方法，手摇计算机进度慢，为赶上进度，韩铎等十余人就轮流上阵，人停机不停，数月连续作战。大家的手磨出了泡、流出了血，包扎后仍然上机摇啊摇。当时计算工具极其落后，这么做也是无奈之举，为了完成党中央交付的任务，这些困难必须努力克服。

在堆芯元件的形状、芯块、材料的探讨中，专家们对提出的几种方案进行论证，对元件形状，不少人意见是采用板元件方案，但该方案经反应堆结构力学负责人张春江等人在中国科学院用模拟试验方法对双流程活性区底板的强度和变形进行研究分析，证实其结构强度不够，满足不了活性区重量和热负荷的要求，从而否定了有导流板的底板结构。接着用夹层结构新方案论证了合理性，对元件盒的变形影响进行分析，认为夹层结构底板方案可行；对二氧化铀燃料片的热应力和热变形进行计算和分析，发现在几十摄氏度温度下二氧化铀片就会发生裂纹破裂，该研究成果证实了板元件尚需物理、热工上的种种试验证明。专家们同意采纳棒状元件。

为了论证其科学性，第五大组组织人员发扬蚂蚁啃骨头的精神，对两种不同形状的元件有关的物理中子峰、比功率、水铀比、控制反应、材料结构、热工特性等逐项进行深入计算分析，研究确定，认为采用棒状元件制造容易，且铀 -235 富集度小，避免了与原子弹争高浓铀的麻烦。接着对燃料组件芯块研究成果和燃料元件包壳材料的研究进行分析并形成结论。这些由理论和试验结果形成的结论为他们下一步有步骤地展开堆芯其他部件的设计打开了思维空间。

1959 年 4 月，苏联方面对第五大组先前提出的 38 个问题进行了反馈，其中有 17 条与原方案和科研设计思路相吻合，如选用压水堆双堆、建造模式堆、降低冷却水流量、加大温差、采用棒状元件、锻造压力容器、蒸汽发生器备用等。当时中苏关系已有山雨欲来风满楼之势，苏方援华的原子能科技人员已陆续开始回国，苏方的意见是否完全可信赖？设计人员心里没有把握。对于其中的关键问题——是否需要建造模式堆，第五大组组长赵仁恺备受困扰，他找到原子能所领导堆工线的李毅副所长和孟戈非副主任，道出了他的疑虑。孟戈非当时也为这个问题而困扰，经赵仁恺这么一问，他想起了原子能所驻所的苏联专家。“能不能去找一下驻原子能所的科学顾问沃尔比约夫，试探一下，如行就采用提问式的方法！”孟戈非说，并笑称此法为“挤牛奶式”。一番商量后，他们理出了准备请教沃尔比约夫的几十条意见和问题。

双方见面后，孟戈非致了简短的开场白。赵仁恺询问反应堆设计、建造、运行以及退役过程中设计上、试验中要特别注意重要的环节和关键点，尤其是反应堆安全可靠性方面的人员辐射安全和设备安全、空间环境等方面的问题。沃尔比约夫一面做笔记，一面在思考着。最后，赵仁恺才把最关心的问题提出来——建造陆上模式堆是否有必要。

沃尔比约夫对赵仁恺提出的问题给予了中肯的回答，对于一些关键性的问题还进行了比较深入的讨论。这对赵仁恺他们提出的第一个动力堆的方案设计增加了信心。

沃尔比约夫介绍了美国核潜艇的发展状况，对反应堆物理、热工设计中的疑问，以及辐射屏蔽、设备安全等问题，沃尔比约夫指出可通过一系列实验来验证。关于核动力、反应堆的组织和体制问题，沃尔比约夫也做了相应的回答。

沃尔比约夫十分肯定地告诉赵仁恺，在核潜艇反应堆定型前，为了安全可靠起见，必须要先在陆上建造一个“模拟试验堆”，即陆上模式堆，按照核潜艇在海上的实际工作情况（如倾斜度、快速升降、压力变化等条件）进行模拟试验。经过一定时间（比如最少一年时间）的满功率运行，还要模拟各种意外事故，证明它安全、可靠以后，才能定型，再按照原样，成批生产。他指出这不是浪费，而是在避免更大的牺牲和浪费。接着他又说，美国人还在爱达荷州建造了各种类型的陆上模式堆基地，人们称这个基地为“人造海洋”，他还用铅笔随手画了一张草图。

这次谈话，整整谈了一个下午。当谈话进行到最后，孟戈非突然问沃尔比约夫：“当陆上模式堆完成它的历史使命，定型后，又如何使用最合理？”沃尔比约夫斩钉截铁地回答：“最合理的办法是拆掉！”对此中方人员十分不解和愕然——花近亿元人民币，完后就拆掉！孟戈非追问道：“改成元件堆行不行？”沃尔比约夫没有嘲笑孟戈非的外行，而是耐心地对他说：“陆上模式堆和元件试验堆是完全不同的两种堆型，设计思路和各种参数也不同。”

这次与沃尔比约夫的谈话，消除了他们心中的疑虑。他们借此机会还提出了有关反应堆研究设计问题以及核潜艇的运行、装卸料等方面的问题，沃尔比约夫都给予了答复。与沃尔比约夫的这次谈话，进一步提振了他们的信心。

1959 年 9 月，赫鲁晓夫访华，提出了对核潜艇、潜艇联合舰队和与核潜艇有关的超长波电台等建议，意图控制中国。面对这赤裸裸的核讹诈，毛泽东断然拒绝，并发出“核潜艇，一万年也要搞出来”的誓言。这一句掷地有声的话迅速传遍了全国，渗透到核潜艇研制工作的方方面面，成为核潜艇研制过程中最鼓舞士气的一句名言。伟大领袖的坚强决心激起原子能所知识分子强烈的民族情感和爱国热情。大家心里都憋着一股劲，一定要设计制造中国的“争气艇”。由于有了党中央的高度重视，各级部门的一路绿灯，他们这些设计人员热血沸腾，干劲十足。

在聂荣臻元帅的支持下，1960 年 3 月，国防科委召开会议总结一年多来核潜艇的研制工作，修订有关战术技术性能指标和总进度，成立以海军苏振华为组长的核潜艇研制工作领导小组（或称 12 人领导小组，原来的中央四人小组撤销），下设总体组、反应堆组、导弹组和电子设备组，并明确提出核潜艇工程要贯彻“土洋结合，以堆为纲，船、机、电、弹紧紧跟上”的方针，千方百计争取提高速度。

随即，二机部采取紧急措施从全国选拔优秀科技人员造血补充，还从原子能事业发展和长远规划要求在全国有关的高等院校增设反应堆专业；而且还在二机部十局增加领导和协调机构。针对零功率堆和热工台架等问题，二机部向原子能所布置和筹建泳池堆、零功率堆和一些热工台架，其中于 1960 年先后建成“东风 3 号”零功率堆和核装置。同期还先后在原子能所建造成功非核热工试验等实验台架。

设计人员完全融入神秘的事业中，不分白天和黑夜，加班加点持续战斗在一线。经过一个多月通宵达旦的勤奋工作，他们设计组完成了核潜艇反应堆工程任务书，任务书对反应堆的性能、功效、工程规模、进度等进行了详细的论述，并在此基础上还向二机部提出了要在核潜艇动力堆建造前先行建造 1∶1 核潜艇陆上模式堆的报告。

1960 年 5 月，二机部批准该报告。与此同时在原子能所建造的零功率堆达到临界，这座装置为后来验证堆物理计算和堆芯布置设计提供了许多有价值的参考数据。

5 月 16 日，二机部党组决定，立即开展潜艇核动力初步设计。为了确保按时完成初步设计，第五大组首先编制了一个统一的综合计划进度表，对反应堆各专业设计的进度要求，相互之间的交叉和衔接都明确地反映在一张很复杂的统一计划的图表中。在这张表上，画了各种颜色的线条，表示各“工种”的交叉衔接的时间和顺序。有了这个统一的计划表以后，大家都按表上各个专业应进行的工作，各行其是、密切配合、有条不紊、循序渐进。

经过一个多月的日夜奋战，调研文献超过 2000 篇，他们于 1960 年 6 月底拿出了《潜艇核动力方案设计（草案）》。随后打字、晒图、装订成册，向党的生日“七一”献礼。《潜艇核动力方案设计（草案）》包括总论、反应堆物理设计、热物理和热工设计、自动控制方案设计、屏蔽计算和防护设计、元件的选型计算和设计、堆结构设计、回路设计等内容，有 22 册。另外还有一个核潜艇总图。

回顾整个设计过程，经过了大量的调研分析、探索研究、分析计算、方案论证、筛选试验，他们根据核潜艇工程领导小组提出的“在尖端研究设计中应该贯彻党中央的土法上马、土洋结合，两条腿走路的方针，千方百计地争取高速度，先搞出来，指标要先进，做法要实事求是”的原则，在短短的22个月的时间里，便完成了核动力装置主方案、主参数的初步设计方案。

《潜艇核动力方案设计（草案）》为以后的研究工作发挥了重大的作用，正如后来由李觉、李毅等主编的《当代中国的核工业》一书所评价的：

“当时，原子能研究所陆续形成了一支约200人的研究设计队伍。他们中大部分是刚从大学毕业不久的年轻人，不仅缺乏经验，基础知识也显得不够。方案又必须从中国当时的科学技术水平和工业基础的实际出发，这使他们的设计工作又失去了不少自由度。困难是可以想象的。但他们生机勃勃，勤奋好学，在一些较有经验的中年科技骨干的带领下，凭着集体的智慧和力量，经过近两年的努力，于1960年6月提出了《潜艇核动力方案设计（草案）》。该方案设计当时是作为草案上报的，但在后来的实践中没有什么重大的反复，这证明它在总体上是可行的。这就为以后的研制工作打下了良好的基础。”

这是一个现在看来有些难以实现的方案。技术含量高，科学难度大，参数有些偏高。客观地说，这些未充分考虑工业水平的设计与“大跃进”的时代背景密不可分，是时代的写照之一。当时设计时间和进度要求很紧，他们来不及了解国内工业制造业的现状，也不了解科学研究的水平。在这种前提下，能够提出一个这样的方案，使中国第一批核潜艇核动力研究设计人员经历了从一无所知到全面了解、由一无所有到形成方案、由不知深浅到基本摸底的开拓性的锻炼过程。考虑到核动力工程是一个多学科、多工种、环环相扣、相互协调、相互配合、反复平衡的系统工程，这种从无到有的探索性的创新工作，基于当时尚未成形的科技保障体系、落后的计算工具和试验设施，其难度难以想象，称其为一项“难以完成的任务”也并不过分。就是面对这样的零基础、高要求、高难度，完成这项“难以完成的任务”，赵仁恺和 200 余名同事不讲条件、知难而上、穷尽智慧、忘我工作、一往无前、愈战愈勇。

1960 年 7 月上旬，在二机部的六楼会议室，设计团队向二机部宋任穷部长作了两个半天的汇报。当时参加听汇报的有二机部副部长刘杰、副部长钱三强、原子能所党委书记李毅、原子能所党委委员孟戈非、第二设计院院长冯麟、专家彭桓武、黄祖洽，二机部各有关局的局长，如邓照明、白文治、马正一等。大家听了核潜艇动力设计很受鼓舞。没有想到能在如此短的时间内，在条件很差的情况下，竟能拿出一个有根有据的核潜艇动力堆的“方案设计”来。大家感到中国人有把握建成自己的核潜艇。这个方案虽仍属“概念设计”，但对潜艇核动力堆型、主要技术参数等有了初步构思，且就建立研究基地和建造陆上模式堆等问题进行了讨论和选点考察，已经不是一个“原则”的东西了。

钱三强等领导看到设计方案后十分高兴。钱三强连说：“有门，有门！”宋任穷听完汇报甚感欣慰，沉吟片刻道：“这是第一稿，还是留点余地，就叫《初步设计草案》吧。”

《潜艇核动力方案设计（草案）》（以下简称《草案》）经十二室和原子能所组织审查，于 7 月以绝密文件形式上报二机部。上报前，李毅代表所党委对初步设计做了谨慎的说明。报告中说：本工程设计工作到目前为止，基本上所有各项需要试验试制的工作尚未得出初步结果，没有试验依据，有些试验项目工作目前尚无条件进行。因此本“设计草案”仅能认为是依据这一年来在二机部党组领导下从无到有，经过了探索研究，初步的理论计算和考虑到国内实际情况，目前暂定出的一个作为我们自己和与我们合作的各有关单位共同研究讨论的一个“初步草案”，尚不能算作正式的初步设计。

尽管如此，这足以证明我国第一座压水堆潜艇完成了第一步设计，是一个里程碑式的重要节点。虽然还是概念性、探索性的前期设计，但它是“零”的突破。更何况，这个“零”的突破是在 20 世纪 60 年代初、我国经济困难时期完成的，难度之大可想而知。

《草案》于 1960 年 7 月 29 日在国防科委组织海军，二机部、冶金部、一机部等部门的领导和专家对《草案》进行论证。与会专家讨论认为，探索研究摸上了路，理论上也入了门，由于受实验条件和计算工具的限制，尚缺试验验证，此外，方案中提出的一些设备指标过高，其制造工艺和能力与目前国内科学和工业制造能力存在差距，因此提出了对《草案》进行修改的意见。

1960 年 10 月，核潜艇工程领导小组认为，研究设计应落实在我国现有科研与工业水平的基础上，应根据《草案》的初步设计，进一步开展全国科研和工业水平的大调查，根据调查结果，重新协调参数、修正设计、落实任务，最终开展全国大协作。

11 月，潜艇核动力研究设计组相关人员再次与海军造船研究室相关人员进行了深入的研究分析，认为一回路采用的压力除装置设备和系统密封问题难以解决外，还增加了二回路布置的复杂性，如降低些压力，反应堆及其一回路的设备制造虽有难度，但现实可行。

针对主方案主参数中的一些指标过高、与国家现有工业制造能力不匹配的矛盾，以及一些材料按照国家现有生产能力无法制造等存在的问题，第五大组也曾对主方案和主参数确定产生了怀疑和困惑。科学研究者、工程设计者中不少人是中国共产党党员。共产党员应该实事求是，这与科学研究和工程设计不矛盾，科学研究和工程设计也应遵循社会发展的客观规律。

为了更好地解决科研与设计中的矛盾，他们充分利用周六的政治学习时间，重温毛泽东选集，通过集中组织大家学《矛盾论》和《实践论》，启发大家如何解决眼前的难题。

这两篇文章对于正处在矛盾中的设计队伍来讲，不啻是及时雨，毛泽东同志在他的《矛盾论》著作中有这么一段话："在复杂的事物发展过程中，有许多矛盾存在，其中必有一种是主要的矛盾，由于它的存在与发展，规定或影响着其他矛盾的存在和发展。""捉住这个主要矛盾，一切问题就迎刃而解了。"这不仅在社会分析中适用，而且对科学研究和系统工程设计来讲也是十分重要的方法论。

核动力装置设计对核潜艇总体而言，不仅是系统工程与系统工程的研究设计与匹配，还是试验研究与理论相结合等普遍的工作矛盾，而且还存在许多设计与现实的工业制造、材料科学、设备制造能力等矛盾。几者相比，国情与国力是主要矛盾，因为再漂亮的方案，没有能力去造出来，只能是纸上谈兵，永远是图纸。必须要将图纸变成设备、仪器、仪表，并让它们组合起来，将每个系统都串联起来，建造成核潜艇，只有这样才能不负使命，不辜负党和人民的嘱托。

大家在充分认识到这一点的基础上，统一了思想，找到了目标。他们决定要紧紧抓住当前这个主要矛盾进行分门别类研究分析。经过分析，认为目前的设计一定要通过工业制造等国情调研后，才能再做出既实事求是，又有科技含量的方案。为了做出新方案，遵循分析主要矛盾，第五大组决定带领设计人员踏踏实实地走到一线，面向工厂、研究院所进行实地调研和实践，从中发现问题，解决矛盾。

1961 年 3 月，国防科委再次组织讨论，核潜艇工程领导小组组长苏振华在综合各部、院、所意见后，要求设计人员从国情出发，既要解放思想，革新创造，又要反对好高骛远，片面求全求新，目前应集中突破反应堆理论和实验技术难关，要抓关键，抓特点，边试验、边研究、边设计、边试制，设计工作要面向工厂、科研院所，还要调研潜艇上实际情况。在摸清我国工业基础、生产能力和科学技术水平后，再拿出符合国情又具有科学先进性的潜艇核动力装置主方案和主参数。会后，苏振华专门找到赵仁恺，鼓励他继续深入地开展下一步工作，在“调查、调整、定案、落实”的精神指导下，再提出核动力装置主方案和主参数设计。根据苏政委提出的八字方针，二机部很快就组成以孟戈非为组长、赵仁恺为技术负责人的调研组分赴东北、华东、中南、华中等工业地区的材料、设备生产厂所开展调研。

1961 年 4 月，调研组一行首先调研了承担压力容器钢材研制情况。压力容器是潜艇核动力装置的关键设备，因其容纳反应堆堆芯和冷却剂与慢化剂，并处于高温高压水和受到快中子轰击与射线辐照的严酷工作环境，因此压力容器的材质、结构和制造要求极高。北满钢厂的科技人员和工人自 1959 年年底接到试制压力容器母材任务后，已冶炼出 1 型钢材，并正在向 2 型提炼。调研组在全面了解试制情况并认真听取他们今后试制冶炼的目标后，对他们的工作给予了充分肯定。

离开北满钢厂，调研组马不停蹄地赶到富拉尔基重型机械厂（即现在的第一重型机械厂），调研压力容器的锻造能力。该厂的锻造能力着实令他们感到担忧，工厂的制造设备很多还停留在“日满”时期留下的设备上。随后，他们又分头带任务辗转到哈尔滨锅炉厂、哈尔滨电机厂、沈阳电机厂、上海汽轮机厂、武汉锅炉厂和包头元件厂分别对主泵、蒸汽发生器、稳压器、反应堆控制系统、反应堆控制棒及可燃毒物管等进行深入调查研究。

完成大调查后，第五大组立即组织设计人员投入到对《草案》主方案、主参数的调整设计中。

又通过一个多月的艰苦努力，他们终于在 1961 年秋重新制定了《核潜艇动力装置工程设计任务书》。任务书中调整了一回路工作压力，双堆改为单堆，棒状元件也扩大了直径，重新设计了反应堆功率等主要参数。

2. 二线下马，科技攻关薪火不断

连续三年的经济困难，加上苏联取消所有技术援助，撤走技术专家，以及给“两弹”让路等原因，1961 年国家对尖端武器研发方向进行了调整，其中核潜艇就属于被调整之列。二机部开始对核潜艇科技人员进行缩减，一部分人员被抽调去支援“一线”，即核燃料、军用生产堆及原子弹研制战线。

1961 年秋，原子能所堆工线负责人孟戈非和潜艇核动力设计组组长赵仁恺被调到设计院加强原子弹的研制。二机部只保留一支四十余人的队伍重点突破核动力技术关，在原子能所成立“47-1”室，由彭士禄任副主任，负责该项工程的研究设计。

1962 年至 1965 年 3 月，中国核潜艇处于“下马”状态的那几年，并没有完全停止研制核潜艇的步伐，而是存续力量、伺机再战。

1962 年年底，中央成立了专门委员会，加强对中国原子能工业的领导。该委员会由周恩来总理亲自担任主任，成员由 7 名副总理以及中央军委、国务院 7 位部长级干部组成，主要任务是加强对原子能工业建设和原子武器（包括核潜艇）研究、试验工作的领导；督促检查原子能工业发展规划的制定和执行，调度全国的力量，协调解决重大问题。从此以后，我国第一代核潜艇研制过程中的每一个关键环节和步骤都由中央专委直接协调和审定，特别是 1964 年我国原子弹爆炸成功，中央专委的关注重点向核潜艇倾斜，极大地促进了核潜艇的研制进度。

这段时间，得以保存的潜艇核动力研究设计团队抓紧时间学习核理论。据时任二机部原子能所“47-1”研究室副主任彭士禄回忆，1962 年他接任该室时，核潜艇研制工作已经给原子弹让路，他的任务是继续从事潜艇核动力装置的技术预研和技术人才保留工作。他紧紧抓住这个相对宽松的机会，发动留守人员拼命地学习业务。留下来的同志只有五六个人懂核动力，其余的人专业不对口，对核技术不熟悉。彭士禄要求这些留下来的同志要“安下心，钻进去，入了迷”，以积极的态度抓紧读书学习，进行必要的预研，做好核动力的技术储备工作。他们开了好几门课程，有反应堆物理、热工、结构、自动控制、动力装置等，由彭士禄、韩铎和蒋滨森讲课，目的是搞掉“核文盲帽子”，不论过去是姓“电”还是姓“机”，终归要求大家都姓“核”。为了能看懂更多的外国资料，学过俄语的人开始补习英语，他们一方面搞研究，一方面自学，一方面互学。就这样，边研究边学习，整整 3 年，最后全室 50 多个外行都变成了内行和骨干，直到核潜艇重新上马投入到新的“战斗”中去。

在此基础上，组建了更加完善的核潜艇技术研究机构。1963 年 6 月，遵照中央专委指示精神，海军党委、二机部党组联合向中央专委上报了《关于原子能潜艇动力工程研究设计工作的请示报告》。报告提出，建议以二机部和国防科委七院有关研究室为基础，作为骨干，在七院成立潜艇原子动力工程研究所。8 月，周总理主持第六次中央专委会议，决定将分散的科技力量集中起来使用，将二机部“47-1”室留守的 55 人合并到七院，连同七院搞潜艇核动力的科技人员共 160 余人，正式成立潜艇原子能动力工程研究所（番号七院十五所，1968 年改为 715 所），周圣洋任副所长，彭士禄和黄旭华任副总工程师。

1964 年 1 月，二机部成立了反应堆工程研究所（代号“194 所”），后期主要担负潜艇核动力堆和其他反应堆的研究工作，人数达到近千人。

几年间，关键科研项目不断取得成果。核潜艇“下马”的几年里，核动力的一些关键项目仍在秘密进行中。新成立的潜艇原子能动力工程研究所继续开展了新的潜艇核动力装置的方案预研工作，并于 1964 年 11 月确定了压水型核反应堆的结构方案、功率以及动力装置的主方案和主参数；完成了核潜艇研制全程规划和建所基建规划；反应堆的结构方案论证；蒸汽发生器、稳压器、主循环水泵和控制棒驱动机构形式的选择，反应堆舱布置方案等。在年底召开的“09”反应堆方案审查会上，肯定了 715 所提出的组合传动的控制方式和压水型反应堆方案。

核动力装置需要的配套项目也进展喜人：冶金部钢铁研究院为核反应堆压力容器试制的低合金高强度钢冶炼成功，并由富拉尔基重型机器厂试制成反应堆压力壳 1:2 的模拟体；哈尔滨电机厂试制成 2 台碳钢全密封主泵的小型样机，上海锅炉厂试制成蒸汽发生器 A 型模拟体；哈尔滨锅炉厂建成蒸汽发生器和反应堆压力壳的热态试验台架；上海先锋电机厂开始试制核反应堆控制棒驱动机构，上海电热电器厂试制成蒸汽发生器电热元件的样机；北京有色金属研究所试制成功用于核燃料包壳的锆 -2 合金管材的加工工艺，并于 1964 年 9 月研制出第一批包装核燃料元件的锆 -2 合金管，吸收中子用的反应堆控制棒材料——铪也试制成功。

核燃料研制在这几年里也取得重要进展。铀 -235 生产线技术难关基本被攻克，核燃料生产线的建筑安装工程基本完成。1963 年 3 月，二机部在包头核燃料元件厂建立元件研究室，并将原子能所研究元件的技术力量和设备合并到这个研究室，集中开展核燃料元件的研究工作；中国科学院沈阳金属研究所开展元件芯块工艺的系统研究，并与包头元件厂共同研制出符合技术标准的考核元件，在原子能所的实验性重水堆与游泳池式反应堆上进行组件和单棒辐照综合考验成功。

潜艇船体部分的研究也一直在开展，715 所在艇的总体技术方面，重点保留了水滴形线型、高速操纵性、结构强度等专题研究试验项目。经过几年的调研、理论研究和模拟试验，为总体技术方案的选择和初步设计提供了基本理论和试验数据。

大连造船厂于 1961 年建造“629”型（“31”型）常规动力导弹潜艇的耐压体，原用肋骨定位法建造，工艺质量难以保证，发生焊不透、裂纹和耐压壳变形等问题；后经技术攻关解决了焊接质量这个要害问题。该厂检查焊缝采用了超声波探伤法代替 X 射线探伤法提高了检验效率。还在导弹发射筒的加工安装上摸索出了经验。另外，冶金部门经反复研究试验，冶炼成功了潜艇耐压船体用的镍铬高强度低合金钢。1964 年 9 月，我国第一艘装配建造的“31”型常规动力导弹潜艇胜利下水，其建造工艺为核潜艇的建造积累了丰富的经验。

核潜艇“下马”期间，有关的科研工作或暂停，或放缓，但关键项目没有停下来，学习没有停止，保存了实力，储备了必要的技术，为 1965 年核潜艇进入型号研制赢得了主动。

3. 迎来转机，大力协同推进研制

我国第一颗原子弹爆炸成功后，随着中共中央以“调整、巩固、充实、提高”方针为中心的各项政策的落实，三年困难时期和“大跃进”的影响逐渐淡去，国民经济形势初步好转。由此，峰回路转，中国核潜艇研制工作终

于迎来转机。

此时，核潜艇的预先研究工作和前期准备已告结束。核潜艇总体和核动力装置经过六七年艰苦的初步方案论证和预研工作，已经有了很多的技术积累，具备正式研制的基础，只要经过中央批准正式列入国家科研计划，获得科研经费、研究工作就会继续深入下去。科技队伍相比之前成熟了、壮大了。到 1965 年年初，仿制的“03”型、“33”型和“31”型常规潜艇或服役，或下水，摸索出了大量设计、建造、管理经验，常规潜艇的仿制任务进入尾声，其科研工作基本完成，这样，只需留少数科研力量继续完成下一步的试制生产和图纸资料中固化工作，其他相当一部分人员可以转到核潜艇的自行研究设计中去。截止到 1964 年，我国专门的核潜艇研究设计机构渐趋完善，主要有国防科委舰艇研究院所属的潜艇核动力研究所、七院一所（后改为 701 所）的核潜艇总体研究室以及二机部反应堆工程研究所等，具备了较雄厚的科研实力。

在一片大好形势之下，海军、二机部和六机部等有关部门经过反复研究，认为全面进行核潜艇研制的条件已经成熟，应抓住时机促进核潜艇研制再上一层楼。

1965 年 3 月 13 日，第二、第六机械工业部党组联合向中央专委写了《关于原子能潜艇动力工程研究所领导关系的请示报告》。3 月 20 日，周恩来主持召开了以总结原子弹研制经验为主要议题的中央专委第十一次会议。会上，研究批准了《关于原子能潜艇动力工程研究所领导关系的请示报告》，决定全面展开核潜艇工程研制工作，并要求二机部负责在 1970 年建成与核潜艇 1:1 的陆上模式堆，担当潜艇核动力装置的“前驱”，争取在 1971 年核潜艇下水。

这是一次重要的会议，中央作出了重大决策。从此，中国核潜艇工程的“冲锋”号角吹起，核潜艇研制进入“快车道”。

二机部和六机部根据中央专委的指示精神于 1965 年 4 月将 715 所划归二机部研究设计院（即二院），成为该院的第二分部，对外称北京 15 所。5 月，中央指定东北某海滨造船厂作为中国第一艘核潜艇建造厂。6 月，七院以 701 所核潜艇总体研究室和 715 所潜艇总体科为基础，组建了七院核潜艇总体研究设计所（后改为“719 所”），首任所长夏桐，副所长宋文荣和王诚善，副总工程师黄旭华、尤子平。

此后，二机部和六机部与海军等部门反复研究论证，于 7 月又分别向中央专委报告了研制核潜艇的具体建议。

六机部在报告中写道，在我国两颗原子弹爆炸成功后，中央决定接着研制核潜艇，尽快突破这一尖端技术，并强调这项工作具有重大的政治意义。建议：第一艘核潜艇以建造反潜鱼雷核潜艇为宜，在取得反应堆用于潜艇的实际经验后，再搞弹道导弹核潜艇。如果先搞导弹核潜艇，除必须解决反潜鱼雷核潜艇的各项技术问题外，还必须解决与导弹相配套的发射装置、射击指挥仪和惯性导航仪等。这些设备技术难度大、费时费力。另外，从对敌斗争来看，对付敌人的弹道导弹核潜艇最有效的办法是使用反潜鱼雷核潜艇。

报告针对中国第一艘核潜艇的研究、设计和制造，初步拟定了三原则：一是认真执行大力协同的方针。在中央专委和国防工业党委的领导下，各个有关方面密切协作配合，共同完成突破核潜艇这一尖端技术的任务。二是立足于国内，从实际出发。在材料、设备的选型上，除专用项目外，应当以正在仿制的中型鱼雷潜艇为基础，以缩短战线，减少矛盾，争取时间。三是第一艘核潜艇主要是解决核动力装置用于潜艇的技术问题，具有试验艇的性质。

1965 年 8 月 15 日，周总理主持召开了第 13 次中央专委会议，专门研究核潜艇“上马”后的有关重大问题。会议原则同意六机部党委报告中提出的研制第一艘核潜艇的三项原则等内容，全面部署了核潜艇“上马”的各项工作，明确核潜艇分两步走：“第一步先研制反潜鱼雷核潜艇，于 1972 年下水试航，第二步再搞弹道导弹核潜艇。”会后还就决定的问题分别向有关部门发出通知，这些通知的主要内容有：各部委要安排落实承担的研制项目，纳入各工业部的计划；科学院及有关高等院校要积极参加协作；抽调技术骨干和增加大学生充实科研队伍；筹备建设海军核潜艇码头基地；同意将核潜艇动力装置的陆上试验基地建在四川省某县，并建造陆上模式反应堆；建立远洋测量船队……

1965 年 9 月，二机部北京 15 所和 194 所合并，成立潜艇核动力研究设计基地（1973 年更名为二机部第一研究设计院；1990 年更名为中国核动力研究设计院）。当时的主要任务是建造潜艇核动力装置的陆上模式堆，为正式产品预先进行各种试验。

在 1965 年这一年，中央专委召开了 2 个具有历史意义的重要会议：第 11 次会议决定核潜艇再次“上马”；第 13 次会议启动核潜艇工程，这次会议被视为中国第一艘核潜艇正式开始研制的时间。所以，1965 年是中国核潜艇研制道路上的重大转折点。

4. 再历挫折，百折不挠筑模式堆

所谓模式反应堆，是指在建造一座新型核反应堆之前，先建造一座性能和尺寸一样或相近的试验性反应堆，目的是验证设计，考验系统设备，暴露问题和摸清反应堆性能。根据国外惯例，核潜艇的核反应堆在正式装备之

前，需要提前在陆地上建造这样一座模式反应堆，试验成功后再装入潜艇。陆上模式堆的成功与否直接关系核潜艇的成败，至关重要。

我国建造一座陆上模式堆的想法由来已久，早在 1959 年 4 月，二机部就曾计划 1962 年第一季度建成陆上模式堆，并于第二季度运行。

1965 年 7 月，在潜艇核动力研究设计基地主要领导周圣洋和副总工程师彭士禄、赵仁恺的领导下，研究团队提出了设计方案。该方案很快得到中央专委的批准。随后，基地在反应堆物理、热工水力、材料元件辐射、腐蚀等研究试验方面取得了一定成果，并开展了反应堆各辅助系统主要部件的设计工作。同年年底即完成初步设计，1967 年完成扩大初步设计，1969 年完成了全部施工图。

与此同时，全国其他有关战线的工作也在快步前进。特别是核燃料元件厂及时地试制生产出合格的燃料元件；为核潜艇工程专门建造的材料试验反应堆完成了燃料元件和各种反应堆材料的考验；模式堆的各种主辅设备和仪器仪表也陆续试制成功。

20 世纪 60 年代中后期，我国仍然没有大型电子计算机，大量的计算工作都主要依靠人工完成。借助于台式计算机完成一种方案（比如全寿期内满功率下反应堆堆芯安全均匀功率分布系数等），往往需要几个人“日夜奋战”，一次要连续工作一个多月，工作繁重艰巨。为了进一步证实计算公式的准确性，建立了常温零功率反应堆和高温零功率反应堆，经过反复试验和修正，用最短的时间和最少的经费建立了 1 : 1 的零功率试验装置。经过仔细的试验、修正，最后得出了所设计的反应堆在冷态下完全可控制的结论，同时取得了大批极有价值的参数。

根据中央 1964 年制定的要以“靠山、分散、隐蔽”建设国防工程后方基地的方针和1965年两次中央专委会的决定，潜艇核动力研究设计基地及核潜艇模式堆的地点最终选在了四川省某县的山沟里。由于鱼雷核潜艇的主要技术难点是核动力装置，所以建造模式堆比建造核潜艇其他部分更加紧迫。

时间紧迫，工程建设基地确定后，二机部便开始进行基地的总体规划设计，确定把机关和研究试验基地放在城镇附近丘陵地带，因为离铁路比较近，便于与外界开展协作，而把反应堆建设在沿江的山谷中，既隐蔽，又便于反应堆排热。1965年7月，基地的建设人员陆续进入基地，基本建设拉开了序幕，穿着工装、军装的人渐渐多起来了，昔日的荒野之地渐渐热闹了起来。

参加过基地建设的车景森回忆，建设用的木材是从西安经由铁路运过来的，随后就开始组织民工用泥巴做干打垒，修房子。由于建房的标准太低，当时什么都得精打细算，节省开支，很多事情都得自己干。“那么个荒凉的地方，要有吃有住，还要干出举世震惊的成果，没有一点真抓实干的精神怎么能行呢？”车景森说。

由于基地和陆上模式堆相距近数十公里，需要在中间修建一条路，方便工作人员来往办公。根据当时的情况，修铁路是不可能的，只有修公路。为了选取一条理想的公路，杨履新带队先后经过几十次艰险的实地勘察。山高坡陡，阴雨路滑，常常要跋山涉水，走羊肠小道，穿行于草丛密林之间。很多同志的腿脚被摔伤、扭伤。有一次，因为路实在太陡，只好坐在地上往下滑，把皮都磨破了。在同志们的共同努力下，终于选定了一条比较合理的线路。1966年年初，公路开工。

核潜艇陆上模式堆最后定点在一个狭长的山谷中。模式堆建设现场距基地有近 20 公里的距离，开山的炮在沉睡了千年的山谷中隆隆地爆响，山谷中数千名民工队的队员争分夺秒地修筑碎石铺起的公路。

图 2-45 建设陆上模式堆时工作人员使用的食堂

1966 年年底，连接基地和模式堆建设地点的公路终于穿越崇山峻岭、沟壑河谷抢修通了，土建施工队伍和汽车拉着的施工设备和器材陆续进场。

1967 年 4 月 2 日，随着开山炮的轰鸣和隆隆机械施工声，具有重大历史意义的中国核潜艇陆上模式堆施工建设就此拉开了帷幕。工地上彻夜灯火通明，搅拌机声、汽车轰鸣声、施工小车的嘎嘎声，声声相连，与山岩上的放炮声、口号声、呐喊声遥相呼应，从此这里的青山绿水便开始喧嚣和热闹起来。

然而从 1966 年“文化大革命”开始后，陆上模式堆良好的开局很快就受到干扰，施工进度受到严重影响，主厂房土建施工基本陷于瘫痪。

为了推动陆上模式堆建设，二机部和国防科委七院派来现场的指挥长何谦和政委张志信 1968 年 3 月抵达现场。他们一心想推动建设工作，但由于缺乏“尚方宝剑”，他们的指令无人听从，只能无奈地守着动乱的基地。

施工近一年后，模式堆主厂房基建才挖了一个不足 1000 立方米的大坑。后勤保障工作也是没有进展，路更烂了，进入现场的车少了。

设计人员的扩初设计以及设备驻厂人员的设计工作在这动乱的状态下难以开展，工程设计危在旦夕。为了如期完成扩初设计和设备设计，彭士禄在国防科委核潜艇工程办公室的帮助下，将核潜艇及其核动力装置这批设计人员秘密转移到北方的一个小岛上。在这个岛上，他们避开了“文化大革命”的干扰和冲击。尽管生活极其艰苦，但设计人员以苦为乐，以革命的浪漫情怀克服了一切困难，保证了设计工作的完成。

相比于岛上的“彭士禄们”，核潜艇涉及的近四千个材料、设备、仪器、仪表制造的生产厂家和研究所就没有那么幸运了。这些遍布于二十多个省市的设备制造生产厂家和科研院所的科研生产无法正常进行，设备无法在预定时间交货，势必严重影响核潜艇工程建设进度。

面对严峻形势，聂荣臻元帅在听取国防科委副主任刘华清和核潜艇工程领导小组办公室主任陈右铭的汇报后，毅然决定于 1967 年 6 月 20 日在北京民族饭店召开“核潜艇工程设备制造协调会”。聂帅特别强调：“凡是接到通知的厂长、书记、技术负责人，不论是否在接受批判和审查，都必须到会。”

6 月 20 日，“核潜艇工程设备制造协调会”如期在北京民族饭店举行，来自全国各地核潜艇重要材料和设备生产的几百名厂长、党委书记和总工程师们聚集在民族饭店的会议厅里。聂帅当场指示：“核潜艇工程是毛主席亲自批准建造的尖端国防工程，工程涉及面广，科研和生产一环扣一环，环环相扣，每个环节的工作都要从大局出发……工程进度只能提前，不能拖后，不能因为自己的部分，影响整个进度，困难很多，大家一定要千方百计地克服，一定要按时保质保量地完成任务，为加强我国的国防建设作出新贡献！”这些厂长、党委书记和总工程师听到聂帅的指示群情振奋、热血沸腾，恨不得马上插上翅膀回到车间、实验室去施展才能、发挥干劲。为了确保核潜艇工程的顺利开展，1967 年 8 月 30 日，在病中的聂荣臻元帅从刘华清手中接过陈右铭等拟写好的《特别公函》，拿笔毅然地在公函上签了“聂荣臻”三个字。这就是核潜艇工程研制史上震撼中华大地的《特别公函》。这份以中央军委名义签发的《特别公函》，是在“文化大革命”动乱期间为保证核潜艇成功建造、迫不得已而采取的非常手段。聂荣臻元帅还特别强调，除专人到厂、所宣传外，各省军区负责人还必须亲自到厂、所去宣传贯彻。《特别公函》内容简单明了，但字字千钧。《特别公函》称：“核潜艇工程是毛主席亲自批准建造的国防尖端工程，任何单位，任何人均不得以任何借口和理由冲击车间，更不能以任何借口停工停产……”

《特别公函》这柄尚方宝剑，使瘫痪中的核潜艇重要设备和仪器仪表制造重新开足马力，也为一大批被批斗和隔离起来的厂长书记下了“特赦令”。《特别公函》极大地鼓舞了成千上万个从事这项工程的科技人员、工人、干部。几乎一夜之间，在核潜艇整个工程的每个单位，人们自觉地恢复生产，维护正常的生产秩序，唯恐因自己的过失而延误工期。正是由于党中央、中央军委的高度重视和果断措施，核潜艇工程涉及的厂、所才得以恢复正常的生产和研制秩序，危难的形势得到扭转。

1968 年 7 月 18 日，正当模式堆工程进展艰难的关键时刻，毛泽东主席亲自签发电令，命令成都军区派一名师职干部加强 909 基地军管领导，派一个营的部队支援基地建设。这就是著名的“718 批示”。成都军区立即执行毛主席的“718 批示”，力挽狂澜，成为加快模式堆建设的强大力量。

“718 批示”挽救了陷于瘫痪的模式堆工程，整个现场实行军事管制。现场指挥部也行之有效地高速运转起来，一些下放去农场进行思想改造的科技骨干也陆续地从农场回到现场。现场施工在子弟兵的忘我劳动下，基建速度刷新了纪录。现场的八千军民全身心参与进来，施工的速度突飞猛进。

1969 年，模式堆工程进入关键阶段，工程指挥部组织“五大战役”，立体交叉作业，八千军民昼夜奋战在施工现场。工作 24 小时不间断，真是日夜干、连轴转，不分白天和黑夜。现场到处都是人，运输设备材料的汽车来来往往，轮换安装调试的人员一拨又一拨。晚上，会战现场仍灯火通明，热闹非凡。晚上 12 点的时候，大家排队去取夜餐。夜餐很简单，就是馒头和咸菜。

主厂房混凝土的浇灌工作在不分昼夜地进行，框架渐渐从地下冒出，楼房一点点成型，模式堆基建日新月异。1968 年 12 月 29 日提前 40 小时完成模式堆主厂房基础挖掘和混凝土浇灌，1969 年 3 月完成主厂房封顶，8 月全面完成土建施工，创造了又一个奇迹！

随着土建施工的完成，承担陆上模式堆安装的队伍进驻厂房。当时由于工期紧、许多二回路管道、设备的安装与调试实施交叉进行，立体施工。现场施工贯彻了“先生产、后生活”的原则，大家住干打垒、木板房、帐篷，生活虽然枯燥艰苦，但工地却呈现一派繁忙的景象。

1969 年 2 月，考虑到核潜艇核动力装置初步设计与模式堆扩初设计时间短，设备研制、专业设计科研成果之间信息反馈不能及时沟通等因素，为保证质量、进度，圆满完成模式堆的安装，需要组织开展核潜艇核动力装置工程设计复查。

设计复查团队组织十余人通过 18 个昼夜的连续加班复核，对 6 万多份图纸和数据进行仔细的验算和校对，共查出问题 159 个，其中有 13 个问题将严重影响工程质量和进度。针对这些问题，复查小组逐一提出了采取的措施和整改办法。如燃料元件检验技术要求二机部、冶金部从速攻关，铪控制棒棒材无法满足供应可采用其他材质来代替，一、二回路管道应力的问题要求结构应力研究尽快完成试验分析，提出可靠数据，迅速改进等。他们还要求设计人员尽快考虑制订模式堆的物理、热工、水力、化学、剂量屏蔽、结构力学的实测和非标设备订货计划。

根据复查结果和修改意见，715 所于 1969 年 7 月完成模式堆总体及所属系统设备的安装图。为验证反应堆物理设计，1970 年 5 月在基地建成的 1∶1 零功率装置成功达到临界。零功率试验是指在反应堆功率水平很低的情况下进行反应堆的物理特性试验。对于一个新设计的反应堆，只有物理理论的设计是不够的，还要从试验的角度验证理论设计的正确性，提供可靠的数据。虽然物理理论计算组已经做了很长时间研究和计算等的准备，也用小堆的实验数据进行了修正，但还是没有十足的把握，所以才建了大型的 1∶1 尺寸的零功率装置。

为确保模式堆启动的万无一失，彭士禄、赵仁恺和相关人员研究后，决定用镉控制棒、可燃毒物管和元件装入零功率堆进行验证试验。经过 15 个昼夜运行，发现堆内中子通量分布不均匀。经过反复计算并采取补救措施，初步认定是可行的。但新方案没有试验依据，存在一定风险，赵仁恺根据计算成果，认为该方案虽然存在风险，但尚有堆内测量系统和其他测量手段，是能够指导反应堆安全运行的。于是，彭士禄拍板决定采用该方案。

为确保核潜艇陆上模式堆安装调试与首次满功率运行成功，715 所制订了模式堆动力装置五大战役的计划，这个计划分工明确，由于作业多采用立体交叉的模式，因此层次分明，接口清晰。

图 2-46　在现场工作的赵仁恺

在压力容器与支撑裙焊接时，要求焊接结合部必须能承受百吨静重和克秒的瞬间冲击力。为了突破这项技术，工地成立了焊接突击队。焊接“坡口”温度高达 250 摄氏度，这是焊接最佳状态，突击队员进入焊接岗位实施抢焊，由于温度高、空间小，不少人昏倒在现场，但焊接不能停止，于是第二、三批突击队员轮流上阵，终于在 1969 年 9 月 30 日凌晨圆满完成焊接。

反应堆的安装工作是核动力装置安装的关键。为了保证模式堆安装的顺利进行，1970 年 2 月 4 日，中央核潜艇工程领导小组要求一机部、二机部、六机部、七院等院所所属 17 个厂、所派有经验的技术干部和工人，携带专用工具和备品备件到模式堆现场配合安装调试。为了精心组织领导，统一协调统筹指挥，军管会和现场指挥部要求现场科技人员工人干部要执行三班倒作业，党政人员要随时支援安装调试第一线。领导干部食宿在现场，昼夜协调和及时处理安装调试过程中出现的问题。

堆芯安装是模式堆建造的关键。安装质量的好坏不仅关系到堆本身的安全，而且影响整个工程的进度。如燃料元件组件、中子源、控制棒、测量部件以及压紧弹簧、压紧筒、驱动机构等的装配工艺技术都十分复杂，组装元件还有发生物理临界的危险。为此，基地现场指挥部要求工艺技术小组，要制订严密的安装工艺和程序，以及防止临界的安全措施。为了万无一失，现场指挥部还成立了以设计和检修工人为主体的“三结合”装堆小组。装堆小组经过两个多月的技术准备，解决了装堆过程中孔系对中配合间隙、热膨胀间隙、密封贴合定位等技术问题，熟练掌握了专用工具、量具、光学对中等仪器的操作。

1970 年 3 月 29 日，在工艺技术小组的监督下，装堆小组实施吊篮堆内预装，经过 14 天艰苦努力，采用光学对中的办法完成吊篮中心孔线与压力容器的中心线重合，4 月 12 日在压力容器和吊篮上做标记，完成吊篮组装后整体入堆。19 日开始堆芯部件堆外预装，发现控制棒导向活塞有卡死现象，危及反应堆正常启动和停堆。此时全部更换已来不及，装堆遇到第一道难关。为保证进度，赵仁恺组织工艺技术小组决定采用选配和修磨相结合的办法修正误差。选配是项工作重复性大、细致的手工劳动，经过装堆小组 10 余人，27 天夜以继日，轮番上阵进行艰苦的配装和近千次的组合与反复配试，于 5 月 16 日完成全部选配，导向筒活塞运动自如。在近两个月的时间里，直至完成全部装备，工艺技术人员这才从连轴转的选配场中下来休息。

图 2-47 陆上模式堆安装厂房现场

燃料组件堆外预装是确保燃料元件安全入堆前的一个重要环节。为减少堆芯中冷却剂的泄漏，保证元件头尾部与上下栅格板配合间隙，工艺技术人员提出进行堆外预装。为了保证预装过程中不发生任何磕碰事故，保证堆芯清洁度。工艺技术领导小组还多次组织人员对燃料组件进行检查、清洗，并制订元件搬运措施和试装程序。5 月 1 日，第一轮预装就发现燃料组件与吊篮上栅格孔配合较紧，有装不进去的现象。经装堆小组人员仔细测量发现吊篮上栅格孔加工过程中存在较大锥度，偏差有 -0.05 毫米。如果换货，将严重影响工程进度。现场指挥部彭士禄、周圣洋等领导立即赶到现场，要求工艺技术小组连夜召集装堆人员研究讨论解决的办法。

相关人员经过多次研究，决定采用铸铁棒加磨料的办法，研磨吊篮上栅格孔径。由于场地限制，吊篮直径只能容纳三个人工作，现场指挥部决定在装堆小组内挑选技术精湛的共产党员强全生、李树山、冉起泉组成突击小组打掉装堆过程中的拦路虎。为了保证堆芯吊篮高度的清洁，突击队员身穿专用工作服，24 小时轮换研磨，经过六昼夜紧张工作，5 月 28 日顺利完成燃料元件预装。

6 月 10 日，装堆小组完成入堆前最后准备。堆芯安装又经过 15 昼夜紧张的吊装和反应堆顶盖焊接后，完成堆顶部件的安装。

汽轮机重达 20 吨，为了保证吊装过程中不被磕碰，安装工人、前来援助抢建的军人和设备制造厂的技术人员，在有限的舱室空间里低头弯腰地完成找平、对中、就位。通过近三个月的艰苦努力，经多方的共同奋战，在 4 月 9 日完成主汽轮机及其系统的安装。4 月 28 日，一、二回路安装工作全部完成。

综合调试，是在反应堆启堆运行前，对装置各系统、管道、安装质量，系统与系统之间设备协调状态等进行的全面检验工作，以保证模式堆正常启动。1968 年 3 月，二机部从原子能所重水堆上抽调 22 人筹建模式堆运行队。11 月，又相继从上海、成都等地抽调一批有电厂运行经验和机械电气检修等专业的技术工人。

综合调试是在贯彻边安装、边调试的情况下，按单项调试、系统综合调试和冷热试车等步骤，分为一、二回路两大部分进行。赵仁恺在这种立体交叉安装调试现场，殚精竭虑，使出了浑身解数，绞尽了脑汁。一回路通过了设计参数的打压试验。二回路的热试车综合调试中虽有波折，但在工艺技术人员指导下，很快恢复正常。

反应堆控制系统、物理、热工测量系统、电气、空调系统的综合调试全部于 6 月 28 日完成。除了主厂房里的忙碌，整个基地也都是一派热闹的景象。此时，模式堆以下沿道路和江边已经像瓜蔓一样，星星点点盖了许多工棚、宿舍和办公楼。公路是沿着陡峭的山壁开出来的，路面很窄，只容一辆车行驶，虽有专设的错车处，稍宽些，但从下面仰望看上去，道路就好像是悬空在半山腰的带子，很危险。尤其是在拐弯处，如果遇到雨天路滑，一不小心车就会翻到几十米的山沟里，后来人们在危险处设立了标志牌。施工繁忙的时候，盘山公路上喇叭轰鸣，汽车来回穿梭奔波，还夹杂着一群群头戴安全帽的施工人员和拿着资料袋配合施工的技术人员。晚上挑灯夜战时，远远地能看到点点车灯在山谷里一闪一闪地游动。

6 月 28 日 15 时，是中国核动力人难忘的时刻，中国首个核潜艇陆上模式堆建成并首次达到冷态临界。两天后，达到热态临界，具备提升功率的条件。

陆上模式堆安装调试完成后，随即进行启堆试验，1970 年 5 月 18 日，核潜艇工程领导小组指示现场成立模式堆启堆运行小组。启堆小组要求安装一处工人、设备制造厂人员要配合现场技术人员，基地党政后勤人员要枕戈待旦，听候调遣，共同做好启堆工作。

所谓陆上模式堆的“启动”工作，就是把试验验证后的堆芯燃料组件和控制棒组件放入模式堆的压力容器中，然后提压、升温、提控制棒，使中子链式核反应“燃烧”起来，把反应堆的功率提升到设计水平。这是一个复杂的过程，需要非常严密的程序操控。

6 月 30 日凌晨，国务院总理周恩来接到罗舜初将军“模式堆达到热态临界”的电话，他立即对罗舜初作出指示：“请他们派人来京汇报。”

7 月 1 日，现场指挥部组成王汉亭、彭士禄等人的赴京汇报小组。

7 月 5 日，汇报小组赶到北京。

7 月 16 日，赴京汇报小组和周总理派来的以吕应中为主的专家指导小组到达现场指挥部后，现场指挥部指挥长何谦立即决定在模式堆主控室召开运行人员“启堆运行誓师会”。会后现场指挥部与启堆领导小组一致决定 17 日凌晨 2 时启堆。启堆运行工作，是按现场指挥部制订的模式堆 10 个阶段提升功率进行准备的。此时万事俱备，只欠东风。就在此时，国防科委的专用电话铃响了。

电话是国务院、中央军委核潜艇工程领导小组副组长罗舜初将军打来的，他对接电话的核潜艇工程领导小组办公室主任陈右铭说：“周总理刚才来过电话，问你们到现场没有，有什么消息要随时报告，确定启堆时间后，马上报告周总理。启堆后，必须要保证电话线路的畅通。”

当罗舜初获悉 3 小时后就要启动的消息后说：“我马上向周总理汇报。”

20 多分钟后，罗舜初将军打来电话，要求指挥部贯彻周总理的指示说：“周总理要求不要急，要仔细做工作，仔细检查。”陆上模式堆由两万多台件设备构成，且绝大部分是非标设备，而且是中国首次可控核裂变反应堆启动，周总理对于这个庞大的钢铁躯体的担心是有充分道理的。

7 月 17 日凌晨 2 时，模式堆动力装置按计划在热态下开始启动。一场消息直通中南海的模式堆动力装置启动提升功率的试验，就此拉开序幕。

主控室内，几十双专注的眼睛都凝固在仪表盘上。经过 20 多小时的紧张操作，反应堆控制棒指示仪上显示物理、热工均正常。但堆顶观察测量却送来“堆顶物理测量管与堆顶部件焊接处有渗漏”的信息。

图 2-48　试验前的学习

“立即降温降压！”彭士禄对值班长下达停堆的命令。

彭士禄向国防科工委电话汇报了故障情况。

现场立即成立焊接抢修小组，抢修小组人员在停堆十几个小时，堆顶尚处于高温、高压的状态下，就开始施工了。明知有辐射剂量，但大家还是不顾一切地钻进堆顶测量管渗漏处，由于工作场地狭窄，又是高温，而且焊接质量要求高，大家只能轮流操作。焊工师傅梅树才第一个蜷曲着身子钻到故障处实施焊接，经过 1 小时抢焊，经打压试验，还有渗漏，继续焊堵后，打压还有渗漏，又经过工艺技术小组指导和专家们群策群力研究讨论后，制定了新焊接方法，继续奋战，终于在 23 日凌晨抢焊人员才堵焊住了渗漏处。

23 日 6 时，反应堆经过几天的反复检查和三次对渗漏处打压检验，再次具备了提升功率的条件。

经国防科工委批准，罗舜初将军转告现场，周总理曾 10 个多小时守候在电话机前询问抢修情况，并指示："下阶段试验要加强现场检查，越是试验阶段，必须全力以赴，丝毫不苟，才能符合要求，取得全部数据。"

23 日 8 时，反应堆在周总理的嘱托声中再次升温升压。

两天两夜过去了。按照规定，"启堆领导小组"成员彭士禄、赵仁恺、符德璠随运行人员三班倒。25 日凌晨 6 时 2 分，主控室传来值班运行人员喜悦的声音，堆功率达到 9.6%，赵仁恺命令核动力装置两台发电机并网带负荷运行。

这是无数人为之激动的时刻，这是中国大陆首次实现核能发电的光辉时刻。中国核科技工程技术人员在党中央、国务院、中央军委的领导下，经过十余年艰苦卓绝的努力，以只争朝夕的精神翻开了核能利用的新篇章！

28 日 9 时，反应堆功率达到 35%，并在此功率上运行 20 多小时，核动力装置各系统运转正常，也取得了计划中所有试验数据和参数。正当反应堆向另一个功率阶段发起冲击的时候，29 日傍晚，反应堆主冷凝器冷却水的水源被山洪暴发后的漂浮物堵塞，不得不被迫再次停堆。

又经过 10 多小时抢修，30 日 14 时 30 分，反应堆稳压器再次建立汽腔。在经过几小时的功率阶段运行后，堆功率达到 63%，核动力装置一切运行正常。

31 日凌晨 3 时，反应堆功率已提升至 92%，在此功率上经过十余个小时的运行，各系统经过各类测试后，一切正常，当班的现场指挥发出向满功率冲刺的命令。

然而，经过设计、运行和现场保驾护航的主机生产厂家技术人员近 5 个小时的艰苦努力和反复多次的功率测试与校验，终因主汽轮机喷嘴前蒸汽压力达不到设计值，使主机达不到满功率。“启堆领导小组”命令暂停满功率试验。31 日 9 时，模式堆按计划稳步降功率，23 时正常停堆。

8 月 1 日，现场指挥部专家指导小组召集前来保驾多时的哈尔滨汽轮机厂、703 所、工艺技术队设计人员和工人到现场开会，会上成立攻关组。后经攻关组 20 余天的改进和完善，反应堆于 25 日再次具备提升功率的条件。当天，国防科工委副主任罗舜初将军批准了“启堆领导小组”再次提升功率的请示。

8 月 28 日凌晨 2 时，模式堆经过 50 多小时的启动提升功率，再次达到堆功率 92%，但主机仍然达不到满功率。现场的气氛有些紧张了，许多人议论纷纷，担心模式堆建设有问题，压根不可能达到满功率。但以彭士禄为首的设计人员根据测量到的所有物理参数，坚定地认为反应堆是能够达到满功率的，问题应是出在主机自动调压阀上，这成了卡脖子的难关，怎么办？再次开会商讨！

商讨会议上，哈尔滨汽轮机厂、703 所、上海汽轮机厂派来的技术专家以及工艺技术人员、设计人员与“启堆领导小组”的领导和指导专家们如坐针毡，焦急万分。

会上设计人员徐炎初提出一个大胆设想，能不能改自动调压为手动调压，增大进汽流量。这个设想是当时完成满功率、保证进度唯一的不得已而为之的办法。彭士禄和赵仁恺力排会议上的争论，决定进行试验，以验证是否是自动调压阀的问题。徐炎初自告奋勇地提出：“我只需要一个人配合我，我们分别在左、右舷的自动调压阀上，实施手动操作即可！”

箭在弦上，现场指挥部最终同意了这个惊人的举动。

8 月 30 日 13 时，徐炎初和另外一个技术人员用双手提起了自动调压阀的阀闸，仅仅几分钟后，就得到值班长庄重而清晰的声音，主机已达到百分之百的满功率运行。现场内外一片欢呼雀跃，掌声雷动，鞭炮齐鸣，有人高兴地跳起来，有人流下热泪。

运行人员在此功率上又进行 5 小时物理、热工、振动、噪声、压力等测试试验取得大量数据后，为进一步检验反应堆超功率运行能力，经国防科工委同意，反应堆功率达到 101.2%，主机功率也相应得到提升，至此核潜艇陆上模式堆完成首次满功率运行。核动力装置首次 158 小时运行实现了满功率运行，验证了设计的正确性、可靠性与安全性，锻炼了一支能应对各种工况运行的队伍，考验了现场组织指挥能力。提升功率各阶段的物理、热工、屏蔽、应力、动态过程、化学、振动、噪声等数据证明，反应堆各系统设计、布置合理、系统运行正常，核动力装置的自稳自调性能良好。热工测量表明，反应堆尚有较大的超功率潜力。动力舱内通风空调性能良好，经军事医学科学院监测，舱内外各区域的辐射剂量均在允许范围内，人员是安全的。

5. 首堆功成，时不我待建首艇

在潜艇核动力装置研究设计的同时，核潜艇总体研究设计和建造工作也在同步开展。1962 年核潜艇总体初步设计基本方案完成。1965 年 5 月，七院 719 所成立了以副总工程师黄旭华为首的“北京工作组”，开始进行反潜鱼雷核潜艇的总体方案论证。总体方案论证的目的是为确定核潜艇的战术技术指标提供依据，并为拟制核潜艇的主要设备清单做准备。

1965 年 8 月 25 日，在完成了核潜艇总体方案论证后，六机部在京召开总体方案论证审查会。会上，黄旭华作总体方案介绍，尤子平牵头组织拟定了《核潜艇战役战术性能建议书》，会后由六机部报送国防科委。同年 9 月，国防科委邀请海军、总参作战部、有关工业部和研究所的负责人对鱼雷核潜艇战术技术性能等问题进行了讨论，后草拟了《反潜鱼雷核潜艇战役战术技术主要指标》，并上报中央军委，为正式研究设计提供了基本的理论基础和试验数据。

方案设计也称“概念设计”“草图设计”，通常根据已经批准的潜艇战术技术指标进行设计，并做出若干个方案，经论证权衡比较、优选出最合理、最现实可行的方案，方案设计经审查认可后，作为编制造艇研制任务书的依据。由于早期做了大量方案论证工作和探索性的研究设计工作，有陆上模式堆论证设计的基础，使得核潜艇正式研制工作开始后，立即进入方案设计。

我国第一艘核潜艇的初步设计于 1966 年 11 月结束，科研部门提交了总体改进方案。在这个阶段，共完成各种图纸资料 103 份，初步确定了潜艇的主要尺度、主要参数和总布置方案，确定了所采用的主要设备。

1966 年 12 月 7 日，聂荣臻专门召集有关部门负责人开会。会上，六机部核潜艇工程领导小组办公室主任、七院领导陈右铭汇报了核潜艇研制原则、实施步骤、进度安排和设计方案。聂帅听得很认真，对一些可以定下来的问题当即拍板确定，对一时拿不准的问题与有关方面负责人进一步商量。当谈到对核潜艇艇型的不同意见时，聂帅说：总体不要用常规潜艇的艇型，不然搞得既不像常规潜艇又不像核潜艇。陈右铭在会上提出了第一艘核潜艇实行边研究、边设计、边基建、边试制、边生产的“五边”方针时，聂帅表示赞成，说科研、设计、生产就是应该结合起来搞。

3天后，在总体初步设计审查会上一致认为初步设计结果达到了国防科委上报中央军委的战术技术建议书的要求，主要性能符合建议书中规定的主要指标。

中央专委于1966年12月22日批复有关工业部门，要求第一艘核潜艇于1970年年底安装完毕下水试验。

1967年5月，中央专委批准了国防科委上报的第一艘核潜艇技术任务书，中央专委要求，凡是与中国核潜艇研制有关的经费、物资器材需求以及其他协作问题，一律按照中央专委为研制原子弹而颁发的《有关原子能设备、仪器研制问题的若干规定》办理；国家计委、物资部及其他有关部委都要作为国家重点专项工程给予优先保证，及时安排解决。

由于"文化大革命"，核潜艇的技术设计工作在初步设计完成8个月后才开始。1968年4月，在技术设计审查会上，海军来光祖副参谋长、海军后勤能侯向之部长、七院于笑虹院长、"09"办公室主任陈右铭等组成会议领导小组，由临时组成的各专业组对总体设计进行审查，然后由领导小组作结论。审查会对设计结果给予肯定，但也提出了一些改进意见。

施工设计是根据技术设计，最后编制潜艇施工和试验、验收用的全部图纸资料和技术文件，它是核潜艇开工后提供造船厂施工和军事代表验收使用的技术文件。核潜艇的施工设计于1968年开始，同年11月，中国第一艘核潜艇开工。为了实现核潜艇建造的总进度，核潜艇总体研究设计所组织了两次设计施工图纸的会战。在不太长的时间里突击完成了700余份图纸资料，并有一半的科技人员先后下厂紧密配合，协同施工，根据实际情况修改设计文件。第一艘核潜艇的总体设计与建造交叉进行，全部施工图纸和文件近万份。

第一艘核潜艇从方案设计开始，以后每个阶段的进度都仅比陆上模式堆晚一年左右。从某种意义上说，这是要冒一定风险的，因为装艇的核动力装置与陆上模式堆的设备基本相同，且是同时期生产的，万一陆上试验不成功或改动较大，艇上的设备将造成浪费和返工。为此，在核潜艇研制中，精确的理论计算和陆上试验就显得尤为重要。同时，严格执行了中央专委规定的“陆上模式堆达到临界，才安装艇堆；陆上模式堆达到满功率后，艇才下水”的总程序和“核潜艇 1970 年年底下水”的进度要求。核潜艇的建造进度跟在模式堆后面“看一步走一步”，保证了核动力装置一次装艇成功。

核潜艇体积庞大，设计建造工程比常规潜艇复杂得多，而我国在开始研制核潜艇时，连常规潜艇都没有自行设计建造过。为了避免建造中由于没有经验发生过多的技术问题和质量问题，核潜艇总体建造厂在核潜艇 1968 年开工前，于 1966 年首先开工了一艘“33”型常规潜艇“新中国 66”号，主要用于技术“练兵”，练习潜艇耐压壳体的切割、弯曲和焊接等工艺。该艇于 1972 年下水，1974 年服役。潜艇的耐压壳体建造质量至关重要，核潜艇潜入深水后，能否经得住强大的海水压力，关系到全艇人员的生命安全。所以在核潜艇正式建造前，用一艘常规潜艇练练手，不失为一种稳妥的过渡办法。

核潜艇的设备、系统复杂繁多，必须合理地在有限的空间里进行布置，才能保证核潜艇内尽量优良的工作和生活环境。为了确保安装质量，六机部决定设计建造一个 1∶1 的核潜艇模型。当时，除了少数同志参加过“33”型、“31”型常规潜艇的仿制以及后来的“034”型潜艇扩大初步设计和小型潜艇的方案设计外，绝大多数同志都是第一次参加潜艇设计，所以设计核潜艇没有十分把握，于是才提出一个 1∶1 的实艇模型方案，期望通过这样的方法解决潜艇上所有设备、仪表、系统管路、电缆的合理布置和精确定位，并取得全艇总布置的协调平衡，以使预先给工厂一个直观形象的核潜艇，做到先暴露矛盾，解决问题，为施工设计提供准确的设计依据。

1966 年年底，核潜艇总体研究设计所、核潜艇总体建造厂和核动力研究所密切配合，展开联合设计。全艇大小机电设备由北京、旅大、锦州等地的模型加工厂按照图纸的实际尺寸和基本样式加工。千余名设计人员和工人经过近 3 年的时间，用廉价的木料、金属、塑料管和硬纸板等材料，于 1970 年年初建造出一个逼真的 1:1 尺寸核潜艇铁木模型，这个“铁木潜艇”不仅有外壳，内部还装着千百台与实际设备一样大小的木制设备模型和纵横交错的“电缆管路”。艇内的各种设备好似一块块“积木”，现场人员日夜守在模型旁，反复挪动摆弄，寻找每一台设备的最佳位置，设计、安装人员和驻厂军事代表通过现场设计、模拟安装、模拟操作，不断调整完善，发现和解决了大量安装、维修、操纵等方面的问题，并通过反复调整和修改，确定了全艇设备、仪表的布置，管路和电缆的走向以及耐压壳体上数百个开孔的位置，以此来指导实艇的施工图纸绘制，为首艇设备装艇提供了样板，保证了总体施工设计和建造安装一次成功。也就是在这场孩童似的积木游戏后，第一艘核潜艇建造紧锣密鼓地启动了。

1968 年 5 月，首制核潜艇开始在造船厂放样。 11 月 23 日，总体建造开工下料，然后进行小壳圈制作、立体分段制作、大合拢。耐压壳体和肋骨的钢材经过 100% 的超声波探伤和机械性能复验后投料，所有焊缝都经过无损探伤并经水压试验，直到全部合格为止。

据当时的工厂领导侯君柱回忆，这样大量的复验工作，如果只靠实验室的几台刨床加工试片，至少需要两年时间。为此，工厂集中了全厂所有的牛头刨床，集中人力和设备，不到两个月就全部完成。在艇体建造过程中，手工焊、自动焊等都是难关，他们解放思想，开展练兵，大力推广新型焊接工艺，提高工效几十倍。经过一年的日夜奋战，终于在 1969 年 11 月完成了大量的割、焊和装配工作，全厂第一个立体分段吊上船台。工人们利用 1970 年的春节假期一举拿下三道大焊缝。然后以第六立体分段为基准，其他 10 个立体分段从两端向其靠拢，实现船体大合拢，仅用了不到 5 个月的时间，首制核潜艇于 1970 年 4 月完成了总体试水，进入设备安装阶段。当时全厂只有 4 名四级以上自动焊工人、16 名五级以上手工焊工人的情况下，能在如此短的时间完成如此艰巨的焊接装配任务，简直是个奇迹。

周恩来总理在 1969 年 2 月听取国防工业系统的汇报时就说过:“核潜艇 1970 年下水很有希望……海军要把空中、海上的防御系统搞起来。”为此，核潜艇总体建造厂在完成了核潜艇总体试水后，成立了以侯君柱为组长的领导小组组织设备安装工作。第一步首先进行了舱室绝缘、舷外消磁电缆及生物屏蔽的安装，然后采取陆上准备和艇上安装平行交叉的方式开展舱室机械设备、管路和电气设备的安装，电气设备在安装前进行了设备和电缆配套，各种仪表也在实验室进行预调。反应堆本体部件均在专用车间进行预装，为了保证反应堆内部部件在潜艇上总装的清洁度，成功地采用了吊篮、压紧筒、核燃料、控制棒一次吊装的方案。1970 年 4 月，核潜艇完成总体试水后，进入设备安装阶段。

在设备安装前的油漆工程是在十分恶劣的环境下进行的，在短时间内完成 12 万平方米的任务绝非易事。六七月的酷暑天气，舱室温度高，通风条件差，油漆毒性大，工人们日夜连轴转，有的工人被熏倒，醒来接着干，安装铅屏蔽时，铅尘的毒性使不少工人身上起红斑、流鼻血，可是没有一人叫苦，没有一人计较待遇和报酬，仅用了一个月的时间就完成了两个月的工作量。在敷设消磁电缆时，打破工种的界限，不分男女，不分干部工人，上下一起干，一个月的敷设任务只用了 10 天。

潜艇设计的要素之一是船的稳定性要好，否则就会造成翻船事故。核潜艇的内部空间小，安装上万台设备还应达到稳定性要求，难度是很大的，彭士禄和赵仁恺形容核潜艇的设备安装“是一种极其高超的艺术”。为了万无一失，核潜艇总体研究设计所的科技人员事先都要到设备制造厂弄清每台设备的重量和重心，所有的设备装到潜艇上之前，全部都要过秤并记录在案。在安装过程中切下的边角余料，过剩的管道和电缆等也都要过秤，并从总重量中扣除。这虽然是一种“斤斤计较”的“笨”方法，但却可以得到精确的重量和重心数据。然后，再经过计算、调整和合理的配置，使艇的稳定性达到设计要求。

1970 年 7 月，船厂成立了以厂革命委员会副主任王荣生为组长的船体质量复查小组。9 月又成立了以盛德林为组长的浮箱下水领导小组。1970 年 12 月 26 日，在毛泽东 77 周岁生日这一天，我国第一艘鱼雷攻击型核潜艇下水了，核潜艇庞大的钢铁身躯在东北的寒冬亮相于蓝天之下。造船工人们高举着当时被称作“红宝书”的毛主席语录振臂高呼；艇首扎着一簇巨大的红花，首水平舵上八面红旗一字排开，象征着“八一”。毛泽东的画像高悬在潜艇指挥台正上方，画像下面横拉着“敬祝毛主席万寿无疆”的巨幅标语，这是造船工人表达向毛主席报喜和祝福的心情，因为他老人家的愿望终于要实现了。

核潜艇下水的方式与普通潜艇不一样，普通的常规潜艇下水一般是在一个船台的斜坡上，把缆绳松开，潜艇靠重力滑下海去。而核潜艇则不是在船坞里建造，是先在陆地上一个大厂房里基本造好后，让其坐落在几十台小车上，小车沿着铁轨把核潜艇从大厂房里慢慢运到船台，然后再从船台运到船坞的一个特大浮箱上，最后浮箱被灌满了水沉下去，核潜艇浮在了水面。所以，核潜艇下水是采用“起艇—前行—上浮箱—横移—起浮”的程序。

系泊试验就是潜艇在码头或船坞系泊状态下，对轮机、电气、船舶设备及系统等按规定要求而做的一系列试验。1971 年 4 月 1 日，核潜艇完成了下水后的舾装工作和绝大部分的设备安装工作，进入系泊试验阶段。系泊试验的每一项试验完成后，都要由驻厂军事代表室代表海军进行逐项验收合格后才可放行。为了加强科研、生产、使用各单位之间的通气协调，临时成立了系泊试验现场指挥部，总指挥是核潜艇总体建造厂党委副书记陈琪，副总指挥是核潜艇总体研究设计所的宋文荣和彭士禄、海军驻船厂军事代表室总军事代表孟庆宁以及船厂的邹振堂等。系泊试验现场指挥部设在厂内一座小山坡的老式房子里，习惯上叫东山小洋楼，当时许多重大决定都来自这座老房子中的决策者们。如今，这座已经被修缮一新的老房子依旧坐落在原址，它是历史的见证，给人们留下难以抹去的记忆。

系泊试验分为单机单系统和联合调试两步进行。核动力装置的一回路系统冷试车、主回路系统水压试验、二回路系统试车等均采用了与陆上模式堆相类似的试验程序。主动力系统联合试验是全艇的关键项目，有 37 个系统、250 台设备同时投入工作。而启堆试验又是系泊试验中最关键、最重要的一步。4 月底，反应堆的核燃料等部件装入压力容器内，进行了反应堆本体和堆顶部件的安装；5 月底反应堆安全地达到冷态临界；6 月，反应堆达到热态临界。6 月下旬进行码头启堆联调前，周总理批示：在试验之前开一次中央专委会决定。

1971年6月25日，周总理在人民大会堂福建厅主持中央专委会听取试验情况汇报，叶剑英、李先念、余秋里等领导人出席了会议，参加会议的还有总参谋部、总政治部、国防科委、国防工办、二机部、六机部、七机部和海军的主要领导。参加汇报的有国务院、中央军委“09”办公室主任陈右铭、参谋昝云龙，现场“6848”指挥部副指挥长郭文声，北海舰队副参谋长孙寄尘，沈阳军区“09”工程领导小组副组长许湘，核潜艇总体建造厂党委副书记陈琦，核潜艇总体研究设计所驻船厂工作组组长陈春树，海军驻船厂总军事代表孟庆宁等。

陈右铭重点汇报了核潜艇研制和设备安装调试的总体情况以及航行试验的计划安排，军事代表主要回答有关核潜艇试验中的问题，核潜艇总体研究设计所主要回答设计中的问题，造船厂主要回答施工中的问题。

这次会议批准了核潜艇码头启堆联试，周总理指示：我们第一次搞核潜艇，试验工作要稳当一些，一步一步把工作做好，多花一些时间充分试验，取得经验。周总理再三提出“试验要先码头、水面、浅水，然后再深水，分四个阶段，每个阶段都要把试验工作做好，要组织好……要把四个阶段的试验做完，搞好了才能交船。”他要求每试验一个阶段，都要向海军和中央军委报告，经批准后再进行下一个阶段。周总理还语重心长地说，试验时间要充分一些，不要急，急了漏洞很多。试验本身就是摸索，要摸清楚，像一个人生了病，要把病灶摸清楚一样。要把工作做细，要取得全部必要的数据。要积累经验。

在中央领导的关心下，核反应堆开始升温升压、提升功率。每项设备、系统的试验，都是由科研设计部门、工厂、军事代表室三结合技术小组进行技术评定，随时进行必要的修改，最终由军事代表认可签字。在整个系泊试验阶段，共发出几百份设计修改通知单。船厂的工人、技术人员、生产管理干部和驻厂军事代表们经常吃住在车间，白天黑夜连轴转。军事代表们在孟庆宁总军事代表的率领下，不少人日夜驻守在码头。孟总军事代表说，那时试验极为紧张，各专业都有，特别是在核动力装置试验时更是马虎不得，住在码头可以在第一时间到达现场处理问题。

1971 年 7 月 1 日，反应堆提升功率，蒸汽发生器开始向二回路供汽、暖机暖管、启动蒸汽辅机，汽轮发电机组开始供电，这是在潜艇上第一次实现核能发电。7 月 6 日，主机在船坞内低速运转，反应堆带功率运行，两台发电机并车，功率达满负荷的 3%，一回路系统和设备运行正常。在完成主机跑合试验后，又顺利完成了主机速关、正倒车试验和蒸汽排放试验。整个主动力系统经过联合试验，通过初步考核，在低功率状态下的核反应堆性能达到了设计指标，具备了用核动力推进潜艇的能力。8 月 16 日，系泊试验历时四个半月后结束，共完成试验项目 592 项，反应堆启动 10 次共运行 400 多小时，反应堆功率达到 52%，圆满完成了码头试验任务。

码头试验任务完成后，核潜艇又进行了航行试验。

1974 年八一建军节，中国第一艘核潜艇交艇命名大会隆重举行。海军司令员萧劲光代表中央军委宣布《第一艘核动力潜艇命名》命令。

首任核潜艇艇长杨玺从海军副司令员高振家手中接过军旗。随后，在码头边的核潜艇上庄重地举行了升旗仪式。从此，我国成为世界上第五个拥有核潜艇的国家，人民海军进入了核海军的行列。

中国人民解放军的缔造者之一、当时已 88 岁高龄的朱德委员长得知中国造出了核潜艇后，异常兴奋。1974 年 8 月 19 日，他在海军司令员萧劲光的陪同下，乘坐导弹驱逐舰在秦皇岛海区检阅了刚刚服役的“长征 1 号”

核潜艇。

1972—1976 年，首制艇在建造结束前和服役后，开展了第一代核潜艇的定型工作。

（三）海上验兵，宝剑磨砺终出鞘

1. 多次长航，严谨细致保成功

1981 年 11 月 16 日至 12 月 17 日，我国开展了核潜艇首次长航，这是核潜艇交付海军之后向深海迈出的第一步，是我国第一次对核潜艇装备质量和艇员训练的集中检验，为以后的 90 昼夜自持力考核试验和深水试验奠定了基础。

1981 年 9 月，北海舰队正式向海军呈报了核潜艇长航准备工作的书面报告，提出准备工作进入最后阶段，属于舰队范围的问题可按时完成，关键还是某设备的问题仍未落实。这份报告，无形中对海军装备部门是一个很大的压力，为了最后判定该设备能否担当如此重任，海军决定由核潜艇部队、核潜艇总体研究设计所、核潜艇总体建造厂及海军驻该厂军事代表室组成检查组，立即到核潜艇上进行检查，并给出技术结论。海军司令部和装备技术部派人前往具体组织。10 月中旬，一支由经验丰富的专业人员组成的检查组赶到现场集中。

有关人员一到核潜艇基地，就对该设备的使用情况做了详尽的了解，并组织技术专家们制定了严格的海上考核监测方案，然后跟随核潜艇连续出海 5 天。核潜艇在经过了复杂工况交替航行和连续六七个小时的水面高速航行考验，证明艇上装备运行良好。

1981 年 11 月 16 日早上，身负重任的核潜艇终于载着人们深切的期望，迎着朝霞神秘地离开军港，掀开了我国潜艇创业发展史上不平凡的一页，在人们心中，此次行动“成败在此一举”。

这次 31 昼夜的公海长航考验由北海舰队曲振作副司令员亲自坐镇，艇长是杨金奎，政委是臧贵望。另外加上有关部门共有 100 余人参加。

出海后的最初几天，核潜艇曾发生意外故障，机舱的温度高达 40 多摄氏度，潜艇被迫上浮检查。浮到水面，恰逢海上刮着八九级的大风。在偌大的海洋，核潜艇好似一只汽油桶，随风浪上下左右摇晃沉浮。在全艇人员的努力下，故障得以排除，核潜艇继续潜入水下。

大概出航 10 天后，核潜艇好像被驯服的猛鲨，艇上装备开始稳定运行，并一直安全工作到返航。潜艇在水下累计航行了 25 天，占全部航程的 80%；最长一次连续潜航 14 天，航程 2000 余海里。在全潜航行试验期间，由于长时间与世隔绝，见不到阳光，呼吸不到新鲜空气，吃不上可口的饭菜，机械噪声 24 小时不绝于耳，许多人出现失眠、食欲不振、对远航食品反感等不适应现象；海上的文化生活也极为枯燥，只有《地雷战》《平原游击队》等几部老电影反复上演。曲副司令员在长航期间臀部长了一个大疖子，化脓出血，不能坐，不能躺，但仍然随时召集大家了解装备运行情况、研究出现的各种问题，使大家深受感动。

1981 年 12 月 17 日早晨 8 点，核潜艇不负众望，胜利完成了 31 昼夜的长航任务返回了军港。这次中国核潜艇的首次长航，使部队得到了全面的锻炼和提高，初步摸索了核潜艇长期水下航行时设备使用管理的经验和一套正规的生活秩序，以实际行动为核潜艇部队建设作出了贡献。

长航试验同时证实：中国核潜艇能够满足水下长期连续运行，主动力系统比较可靠；全船主要电气设备工作正常，两台主变流机组均能在几次停堆后成功地反拖，保证了紧急情况下全船用电和海上安全启堆；综合空调系统工作良好，可以保证艇员在水下正常生活；水下操纵性稳定；海上通信联络畅通。

核潜艇的长航成功，以事实解除了人们的疑虑，坚定了造好、用好核潜艇的信心。为今后进行难度更大的远航、自持力考核、深潜迈出了可喜的第一步。

有了这次长航的经验，1983 年，核潜艇部队又组织另外两艘潜艇进行了 2 次一个月左右的长航。

1985 年 11 月 20 日至 1986 年 2 月 18 日，某核潜艇在总参谋部规定的黄海、东海训练海域首次完成了 90 昼夜自持力考核试验，航程相当于绕地球赤道一周，其中大部分时间为水下航行，最长的一次水下连续航行 25 昼夜，创造了人民海军潜艇远航史上的奇迹，超过了美国“海神”号核潜艇连续远航 83 天零 10 小时的纪录。

1988 年 4—5 月，我国某核潜艇在南海首次进行了深水试验。核潜艇深水试验主要是检验潜艇的总体性能和作战能力，包括极限深度下潜、水下全速航行、大深度发射鱼雷三项试验。试验的规模大、涉及面广、组织工作繁杂、技术难度高，潜在风险大，是对核潜艇及其武器系统的研究、设计建造以及部队操作使用水平的综合性考验。

1988 年 4 月 28 日 12 时 10 分，一个创纪录的时刻到来，深度计显示潜艇已超出极限深度。深潜试验证明，核潜艇全艇设备运转正常，试验获得圆满成功。此后，核潜艇还进行了水下全速试验和大深度发射鱼雷试验，均取得了圆满成功。这次深水试验取得圆满成功，标志着中国第一代鱼雷核潜艇的研制走完了全过程。试验证明，中国第一代鱼雷核潜艇的研制是成功的。

2. 彰显国威，潜艇真容逐步呈现

核潜艇研制成功后，从 20 世纪 80 年代起，为彰显国威，展示震慑能力，中国开始通过各种方式向外界透露有关中国核潜艇研制的信息。

20 世纪 80 年代中期，在长城出版社出版的一套《中国的火箭、导弹》明信片中，有 2 张出现了潜地导弹照片：一张是 1982 年我国常规潜艇水下发射潜地导弹试验，火箭推动导弹像出弦的箭冲出水面，直上云霄，正像张爱萍将军为该潜艇的题词那样：“骑鲸蹈海，激浪冲天”；另一张是 1984 年国庆 35 周年阅兵式上首次公开对外展示的潜地导弹，四枚导弹组成方队由牵引车拖带缓缓前进，海军战士在牵引车上肃穆而立。我国的水下“利箭”升空和亮相，使中国的核潜艇及配置的潜地导弹威震四方，大长了中国人民的志气。

1988 年，海洋出版社和《舰船知识》杂志社推出一套明信片《世界舰船彩色图片（第一辑）》中，有一张“中国导弹核潜艇”明信片，图中雄伟的导弹核潜艇正在海上航行，导弹发射筒盖依稀可见，这是我国核潜艇首次真实地出现在邮品上。

此后，不断有中国核潜艇的图片在邮品上出现，展示出中国的自信。

近年来，中国核潜艇的身影更是多次出现在重大军事活动中，被电视、网络广泛传播。

据中央电视台报道，2013 年 4 月 9 日上午 9 时，中共中央总书记、国家主席、中央军委主席习近平身着短袖军便服，来到海军某驱逐舰支队军港码头检阅了南海舰队 5 型 11 艘新型主战舰艇。习近平登上某新型核潜艇视察。

2013 年 10 月 28 日，中央电视台播出《“国之利器”：神秘的中国核潜艇》，第一次正式公开中国核潜艇部队，标志中国军队更加透明自信。

2018 年 4 月 12 日，中央军委在南海海域隆重举行海上阅兵。以新型核潜艇为首引领的新型海上作战力量在南海的集体亮相，向世人展示了中国海军基于信息体系的联合作战能力已经形成。

2019 年 4 月，在中国人民解放军海军成立 70 周年之际，中国人民解放军海军举行盛大海上阅兵，新型核潜艇作为新兴作战力量再度亮相，彰显了大国海军的实力。

2019 年 6 月，习近平主席视察中国核潜艇部队，并进入新型核潜艇。习主席对核潜艇指战员说：“潜艇作为一个国之重器要大发展；我们的潜基核力量要大发展。寄希望于你们在这个时期使我们的海军、使我们的潜艇部队有一个迅速的提升。”

2021 年 4 月 23 日，在海军建军 72 周年之际，习近平主席在海南三亚某军港出席新型弹道导弹核潜艇“长征 -18”号交接入列仪式，并向核潜艇授予军旗和命名证书。

通过向外界披露中国核潜艇，展现了大国自信。

三、奋起直追，国之重器贡献大

大自然神奇无比，美丽的大自然是人类利用的宝藏，只要人类肯去探索，就会发现许多奇妙的现象。大自然里的微观世界更是不可思议，一个小小的原子里蕴含着巨大的能量。核能，是大自然送给人类的礼物，是人类善用自然的力量从微观世界里汲取出的能源。

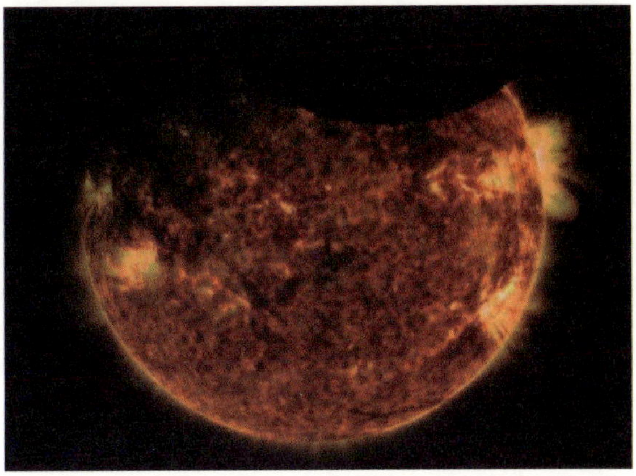
图 2-49　太阳上的核聚变

人类对能源的依赖远远超出想象，一切问题归根结底都是能源问题。人体需要的能量来自于摄取的食物，食物通过消化系统转化成各种营养提供人体所需的能量。不仅人如此，地球上各种生物都如此。人所需要的能源来自于食物，而食物的能源来自于太阳的光合作用，生物链其实就是个能源链。世界上有各式各样的电厂，有太阳能的，有风力的，有火力的，有水力的。这些电厂都直接或间接与太阳有关，那太阳的能量来自哪里呢？太阳不是能源的起点，太阳的能量来自于原子，又称核能，核能不但不依赖于太阳，还给太阳提供能源，是人类最原始，也是可利用的能源。

此处有 AR 资源
扫码使用

人类所能利用的最根本的能源是原子能，太阳有寿命，但原子能却没有寿命。等太阳“寿终正寝”的时候，如果人类掌握了先进的核能技术，造几个小号的太阳也不是天方夜谭。

人类对核能的探索和利用从未停止过。1938 年德国科学家发现了“铀核裂变”现象，从此世界进入了一个新的历史时代。利用核裂变产生巨大能量的原理很快在军事上获得突破。人类成功地制造了原子弹、氢弹等。第二次世界大战以后，尤其是在“和平利用原子能”的号召下，除军用生产堆以外，各种类型的核反应堆以及核电站、核供热站和核动力装置相继问世。自1951 年 12 月，美国试验增殖堆 1 号首次用核能发电以来，人类进入了和平利用核能时代，世界核电至今已有 70 年的发展历史。从某种意义上讲，核能的发现与应用不亚于蒸汽机引起的世界性的技术革命。当今世界上主要能源取自于煤炭、石油、天然气等化石能源，地球上的这些能源一旦消耗殆尽时，可以预料核能发电在未来的能源舞台上将占主导地位。

核电厂的开发与建设开始于 20 世纪 50 年代。1954 年，苏联建成电功率为 5000 千瓦的实验性核电厂；1957 年，美国建成电功率为 90 000 千瓦的希平港原型核电厂。这些成就证明了利用核能发电的技术可行性。20 世纪 60 年代后期，在试验性和原型核电机组基础上，陆续建成电功率在 30 万千瓦以上的压水堆、沸水堆、重水堆等核电机组，它们在进一步证明核能发电技术可行性的同时，使核电的经济性也得以证明，可与火电、水电相竞争。而到了 20 世纪 70 年代，因石油涨价引发的能源危机促进了核电的发展，目前世界上商业运行的 400 多座核电机组大部分是在这段时期建成的。

20 世纪七八十年代，在国外如火如荼地建设核电厂时，中国大陆却没有一台核电机组。也正是如此，在法国举办的第 28 届国际原子能机构（IAEA）大会上，官方宣布我国正式成为 IAEA 成员时，却遭受了外方代表的质疑——一个国家拥有核电厂的数量，才是和平利用原子能能力的主要标志，而中国还没有一个民用核电厂在运行。

实际上早在 20 世纪 50 年代，我国就提出了清晰明确的核能发电计划。1955 年 12 月国务院发布的《关于 1956—1957 年发展原子能事业计划大纲（草案）》提出："用原子反应堆建立发电站，是动力发展的新纪元，是有远大前途的。"次年 1 月，国务院总理周恩来更对核能在中国发展的地位做出了进一步的明确：“科学技术新发展中的最高峰是核能的利用。核能的利用给人类提供了无比强大的新的动力源泉，给科学的各个部门开辟了新的远大前途。”

为什么要发展核电？发展核电的理由太多了，清洁环保的能源、电力能源的需求等客观原因，以及和平利用核能这一内生动力，这些都是理由。目前世界上有些国家虽然没有核武器，却一直以发展核电的办法来储备核力量。

中国核电虽然起步较晚，但发展较快。截至 2020 年年底，我国大陆地区共有 21 座在运、在建核电站，分布在我国东部沿海的 8 个省份，分别是浙江、广东、江苏、福建、海南、辽宁、山东、广西。在运核电机组数量达到 49 台，仅次于美国的 94 台和法国的 56 台，位居世界第三。在建核电机组装机容量上，位居世界首位。

截至 2020 年年底，我国核电占比接近 5%。与燃煤发电相比，核能发电相当于减少燃烧标准煤 1.05 亿吨，减少排放二氧化碳 2.74 亿吨，减少排放二氧化硫 89.03 万吨，减少排放氮氧化物 77.51 万吨。2020 年我国核电发电量超过法国，达到世界第二位，成为名副其实的核电大国。

然而，大国的地位来之不易，我国核电的发展经历了从无到有、从小到大、从弱到强的艰辛历程。

（一）厚积薄发，五十年核电发展之路

2000 多年前的亚欧大陆，东起长安，途经甘肃、新疆，到中亚、西亚而达地中海，以罗马为终点的这条路，被认为是连结亚欧大陆的古代东西方文明的交汇之路，史称丝绸之路。

古丝绸之路其实早在西汉，哈萨克斯坦就已经是东亚通往中亚的关键地带了，这一时期开辟的丝绸之路，将养蚕、缫丝、冶铁、造纸、凿井、灌溉等技术带向中亚、西亚和欧洲；而今，在迈向中华民伟大复兴的征途上，“华龙一号”作为新国家名片，亦向世界不断输出着中华儿女与核工业人的智慧与风采。2017 年阿斯塔纳世博会上，国家主席习近平向哈萨克斯坦总统纳扎尔巴耶夫介绍到:“‘华龙一号’是中国完全自主知识产权的三代核电技术。”

千年之后，中国核电扬帆远航，重走丝绸之路。

今日之贵，昨日之功。回首核电发展初期，连一颗螺丝钉都需要进口的窘境，经过 50 多年的艰苦奋斗，到今天“华龙一号”已走向世界舞台。这点点滴滴的进步与成就，承载着一代又一代核工业人的汗水与心血。

1. 从无到有，实现大陆核电“零”的突破

秦山核电厂打响了全面掌握核电技术的第一枪，实现了大陆核电“零的突破”，被誉为“国之光荣”。

图 2-50　秦山核电站

秦山核电铸就“国之光荣”

图 2-51　文功元、周秩陪同刘伟视察选定的 728 工程的厂址——秦山

秦山核电工程，又称为“728 工程”。这是因为 1970 年春节前夕，周恩来总理听取上海市领导汇报由于缺电导致工厂减产的情况时明确指出：“从长远来看，华东地区缺煤少油，要解决华东地区用电问题，需要搞核电。”2 月 8 日，上海市传达了周恩来总理的指示，成立的机构按当天日期命名为上海市 728 工程处。中国第一座核电厂建设开始启航，史称“728 工程”，即后来的秦山核电厂。然而受当时国内特殊历史时期的影响，这一步一走就是 20 年。

（1）堆型的选择历经曲折

第一座核电站最初提出的设计方案是熔盐堆。但熔盐堆要求熔盐中所含杂质要达到千万分之一的纯度，而这项技术当时在美国尚处于研究阶段，且不说分析手段是否具备，单就上千摄氏度的高温、接近震动的超低压和长时间的整流技术也难以攻克。这些技术瓶颈难以突破，不得不放弃，将目光投向可操作性更强的压水堆。

1974 年 3 月，中国第一座核电站总设计师欧阳予受命向周恩来总理汇报新的压水堆方案，获得了总理的肯定，并批准拨款 8000 万元人民币用于后续科研建设工作。在当时，这是难以想象的金额。对于 728 人来说，直到现在也忘不了那个困难年代里，中央领导对核电事业毫无保留的关怀与支持。

（2）方案之争一锤定音

我国第一座核电厂在建设之初就发生了自主建设与引进建设的分歧。1974 年，中国考察团赴法国考察后，向中央建议引进法国百万千瓦级核电技术，同时产生了对自主建设 30 万千瓦核电厂的反对意见。反对的一方认为：从世界核电的发展来看，我国再搞 30 万千瓦核电厂的意义不大，没有必要一步一步从头搞起；发展核电应从 90 万千瓦搞起，避免浪费，从而否定自主建设 30 万千瓦核电项目。1978 年 8 月，某部门向国家计委提交了关于建议停建 30 万千瓦压水堆核电厂项目的报告，其理由是工程设计图纸不全、试验验证不够、总体方案未定、经济指标落后和设备加工有困难，建议停止生产。而赞成的一方认为：从国外引进技术当然有利于加快中国核电事业的发展，但引进往往受到国际政治、经济等因素的制约，特别是核电技术具有一定的敏感性，并不是一厢情愿就能得到的。核电站建设的立足点应该放在国内，这对于消化、吸收国外先进技术，培养自己的核电队伍是非常必要的。1979 年 1 月 13 日，谷牧副总理召集会议，在有关部门发表各自意见后，他指出：“728 工程是个原型堆核电厂，搞这个工程主要是为了掌握核电技术和制造技术，不是为了搞系列化核电。现在已经铺开了摊子，有了初步的成绩，在国外技术专利没有拿到之前，这项试验研究工作不宜草率下马，今后几年，这支科研队伍不继续进行科研，坐等国外专利，这样做是不妥的。所以要继续搞下去，各有关部门应该支持。”从而暂时平息了反对自主建设核电的意见。728 工程各项工作得以继续进行。

（3）一波未平，一波又起

1979 年 3 月 28 日，美国三哩岛核电厂发生事故，世界为之震惊，国内很多人对核电厂的可靠性和安全性产生了疑虑，这对正在起步的中国核电产生了很大的影响，反对建设核电厂的声音再次响起。同年 10 月 20 日，国防科委写给叶剑英副主席关于核电厂问题的报告就核电厂科研、我国核电怎样起步、核电厂安全可靠性、核电经济性、制定我国核电发展规划等问题系统阐述了观点和意见，得到中央高度重视。邓小平批示：“我认为搞（试验性核电厂）是应该的，主要考虑国家财力的可能。我认为由二机部抓总，较为妥当。”

图 2-52　秦山核电站并网发电

在经历了诸多风波后，中国第一座核电厂终于迈开了建设步伐。1981 年 11 月，国务院批准了二机部 30 万千瓦核电厂建设项目。1983 年 6 月 1 日，秦山工地土建施工开始。1985 年 3 月 20 日，核岛主厂房底板浇灌第一罐混凝土，工程正式开工。1991 年 12 月 15 日，秦山核电厂首次并网发电。1994 年 4 月 1 日，秦山核电厂投入商业运行，实现了周恩来总理提出的“掌握技术、积累经验、培养人才，为中国核电发展打下基础”的目标。中国大陆第一座核电厂终于从蓝图走向现实。

秦山核电的建成投产，印证了中国有能力自主建设核电站，铸就了“国之光荣”，书写了中华民族新的历史篇章。

大亚湾核电的“世纪之约”

1985 年 1 月 19 日，邓小平会见香港中华电力公司董事局主席嘉道理勋爵，与他约定：“再过 7 年，你 93 岁，我 87 岁，开一个庆功会，用这个合作项目作为我们对外开放的典范”。这段往事后来被人们传为佳话，称为“世纪之约”。从此，大亚湾核电厂在改革开放的大潮中砥砺奋进，大亚湾核电厂的诞生、发展、崛起，就是一部浓缩的中国改革的历史。

1979 年的广东，刚刚沐浴了改革开放的春风，敢想敢干、敢打敢拼的广东人在自己的土地上风风火火地开始了经济建设，一片欣欣向荣的景象。但是，随着经济发展，电力供应却严重不足，经常出现拉闸限电影响生产的现象。1978 年，广东省常务副省长王全国在法国参观核电厂时受启发，有了建核电厂解决广东电力严重短缺的构想。而香港在 20 世纪 70 年代刚刚经历石油危机的冲击，占香港地区发电量 70% 的香港中华电力公司对此表现出极大兴趣，双方一拍即合。

1980 年，广东省电力公司同香港中华电力公司完成合营建设两台 90 万千瓦压水堆核电厂可行性研究。1981 年 5 月，国家计委、建委、经委组织审查广东核电厂可行性研究报告。1982 年年底，国务院批准广东核电项目。1983 年，合营公司开始对核电厂的设计和设备引进问题同外商谈判。1984 年，在深圳大亚湾厂址开始土石方开挖前期工作。同年 1 月，邓小平视察深圳，对这里寄予了厚望，并作出指示：“深圳要办好两件事，一是建设核电厂，二是办好深圳大学，深圳核电厂的同志要加倍努力，把工作做好！”

正当大亚湾核电厂筹建的各项工作顺利推进时，1986 年 4 月 26 日，位于乌克兰境内的切尔诺贝利核电厂发生严重核事故，使得许多国家受到污染，在人们心理上造成了对核电厂恐惧的巨大阴影，欧洲随之出现反核浪潮，这一冲击也波及到大亚湾核电工程。在大亚湾核电厂命运攸关之际，邓小平作出了核电厂要建下去的决策。随后，李鹏召集核工业部、外交部、港澳办等有关部门按照邓小平同志的指示部署应对工作，这场风波得到了化解，为大亚湾核电厂开工建设铺平了道路。

1987 年 8 月 7 日，大亚湾核电厂正式开工。1994 年 2 月 1 日，大亚湾核电厂 1 号机组投入商业运行，同年 5 月 6 日，2 号机组投入商业运行。投入商运以来，大亚湾核电厂运营业绩达到并保持在世界同类核电厂先进水平。1994 年，大亚湾核电厂获美国《国际电力》杂志“1994 年度电站大奖”，是世界范围五座获奖电厂中唯一获奖的中国核电厂。

图 2-53 大亚湾核电站

大亚湾核电厂是改革开放的产物，在建立现代企业制度上进行了有益尝试。大亚湾核电厂按照党中央、国务院确定的“借贷建设、售电还贷、合资经营”的模式，通过引进、消化、吸收所引进的核电技术，并持续自主创新。在人才培训、施工管理、调试运行等方面为我国百万千瓦级商用核电厂自主化和国产化积累了经验。大亚湾核电厂的建设和运行，成功实现了中国大陆大型商用核电厂的起步，实现了中国核电建设跨越式发展，为粤港两地的经济和社会发展作出贡献。

2. 从小到大，核电规模化建设迈上新台阶

改革开放后，东南沿海地区经济、社会发展迅速，电力需求激增。长期以来，以煤炭为主的能源结构，不仅无法适应经济的快速发展，也造成了较严重的环境问题。此时，人们把目光投向了核电，核电是目前唯一达到工业

应用、可以大规模替代化石燃料的清洁能源。

图 2-54 中国加入世界贸易组织签字仪式

审时度势，增加能源供应、优化能源结构在我国提上日程，核电在优化能源结构、减少环境污染等方面发挥着重要作用。2000 年召开的党的十五届五中全会提出了“适度发展核电”的方针，明确了该时期核电发展的主导方针。2001 年，中国加入世界贸易组织（WTO），经济飞速发展，能源需求，特别是清洁能源的需求与日俱增。2006 年，《中国国民经济和社会发展“十一五”规划纲要》提出“积极推进核电建设”方针。2007 年，《核电中长期发展规划（2005—2020 年）》发布，中国核电迎来历史性的发展机遇。

为响应国家发展核电的方针，考虑到中国沿海地区煤炭资源紧张的现状，北煤南运的难题，在沿海地区大力发展核电产业，成为调整中国能源结构，满足经济、社会需求的首选。在中国新能源结构调整形势下，一座座核电厂拔地而起，以清洁高效能源的身姿点亮着中国能源需求的版图。

（1）浙江省核电基地

浙江省是我国首个拥有核电的省份。

秦山核电基地坐落在浙江省海盐县，紧邻风景秀丽的杭州湾。秦山核电基地共有 9 台运行机组，总装机容量 654.6 万千瓦，年发电量约 500 亿千瓦时。其中，秦山核电厂是我国自行设计、自行建造、自行运营、自行管理的第一座核电厂。秦山核电二期工程是我国第一座国产 60 万千瓦商用核电厂，1、2 号机组相继于 2002 年 2 月和 2004 年 3 月投入商业运行，实现核电国产化重大跨越。秦山核电三期工程是我国唯一一座商用重水堆核电厂，被誉为“中加合作的成功典范”。1、2 号机组分别于 2002 年 11 月和 2003 年 6 月投入商业运行。秦山核电二期扩建工程 3 号、4 号机组相继于 2010 年 10 月 21 日和 2011 年 12 月 29 日投入商业运行，设备国产化率达到 75% 以上，其中 3 号机组提前 6 个月零 23 天投入商业运行，创造国内同类核电厂建设工期最短纪录。方家山核电工程是秦山核电厂的扩建工程，为 2 台 108 万千瓦压水堆机组，1、2 号机组分别于 2014 年 11 月和 2015 年 1 月并网发电。

秦山核电基地历经 35 年建设与发展，成为我国核电机组数量最多、堆型品种最丰富、装机容量最大的核电基地。秦山核电成功实现了“中国核电从这里起步”“走出一条核电国产化的路子”“核电工程管理与国际接轨”“从 30 万千瓦到 100 万千瓦自主发展的历史跨越”，培育了底蕴深厚、独具特色的核安全文化体系，形成了一整套成熟完整的安全生产运行管理体系和支持保障体系，培养了一支经验丰富、能驾驭多堆型运行和管理的人才队伍，涌现出以中国科学院院士欧阳予、中国工程院院士叶奇蓁等为代表的一大批杰出人物。秦山核电积淀了丰厚的技术优势、人才优势、经验优势，成为新时代推动公司高质量发展的宝贵资源。昔日的国之光荣，今日的国家名片!

三门核电厂位于浙江省台州市三门县，采用美国西屋公司开发的第三代核电技术 AP1000，是我国首个三代核电自主化依托项目，也是中美两国最大的合作项目。目前三门核电厂一期工程的两台机组均已并网发电。

图 2-55 浙江省三门核电厂

浙江省在大力支持核电发展的同时，抓住机遇，在国内率先与中核集团共建中国核电城。中国核电城位于浙江海盐，正在加快发展核技术应用产业、核电生产性服务业、核电装备制造业、核电数字信息产业、核电文化旅游产业，做好产业强链补链延链工作，高质量核电关联及核技术应用产业集群发展为浙江省的发展作出突出贡献。

（2）广东省核电基地

广东省是中国大陆第二个开工建设核电厂的省份，目前现有核电基地三个，核电机组 12 台。

大亚湾核电厂位于我国广东省深圳市大鹏新区大鹏半岛，1994 年 2 月 1 日和 5 月 6 日两台机组先后投入商业营运。岭澳核电厂位于大鹏半岛东南侧。一期工程于 1997 年 5 月开工建设，2003 年 1 月全面建成投入商业。二期工程于 2005 年 12 月开工建设，两台机组于 2010 年和 2011 年建成投入商业运行。

阳江核电厂是广东省第二核电基地。阳江核电厂位于广东省阳江市阳东区东平镇，是国家“十一五”规划重点能源建设项目，采用中国自主品牌的压水堆核电技术 CPR1000 及其改进型技术，连续建设 6 台百万千瓦级核电机组，是目前中国一次核准机组数量最多和规模最大的核电项目，是中国核电规模化、系列化、标准化发展的重要标志。阳江核电厂关键设备国产化率超过85%，6台机组平均国产化率约为83%。1号机组于2008年12月开工，至2019年7月24日6台机组全部投入商运。

图 2-56 阳江核电基地

台山核电厂是广东省第三核电基地。台山核电厂位于广东省台山市，规划建设6台压水堆核电机组，一期工程引进三代核电EPR（欧洲先进压水堆）技术，建设两台单机容量为175万千瓦的核电机组，是中法两国能源领域在华最大合作项目。台山核电1、2号机组分别是全球第三、四台开工建设的EPR三代压水堆核电机组，分别于2009年12月21日和2010年4月15日开工。

图 2-57 台山核电厂

2018年1月9日，国家主席习近平与来访的法国总统马克龙在北京共同出席了台山核电厂欧洲先进压水堆首堆工程命名揭牌仪式。

台山核电1、2号机组分别于2018年12月13日和2019年9月7日实现商运，成为世界头两台实现商运的EPR机组，也是目前世界上单机容量最大的核电机组。

广东是能源需求大省，核电厂的建成投产对缓解广东省的能源需求有重要意义，三个核电厂的建设和运行极大地带动了地方经济的发展，增加了就业机会。国内有 180 余家企业参与到岭澳、阳江、台山核电工程的建设和设备制造之中，促进了中国设备制造业的产业升级，对促进经济持续发展有重要意义。

（3）江苏省核电基地

位于江苏省连云港市连云区的田湾核电厂，计划建设 8 台机组。1~4 号机组均采用俄罗斯 VVER-1000 改进型核电机组，技术设计和安全措施在某些方面满足国际上第三代核电厂的安全要求。田湾核电一、二期工程是中俄两国政府加深政治互信、发展经济贸易、加强国际战略协作、共同推动中俄核能合作的标志性工程。1 号机组于 1999 年 10 月开工建设，4 台机组于 2018 年 10 月前全部投入商运。5、6 号机组采用 M310 改进型技术，5 号机组于 2015 年 12 月开工建设，2020 年 8 月并网发电；6 号机组于 2016 年 9 月开工建设。

图 2-58 田湾核电厂

田湾核电厂的运行每年可大量减少排放二氧化碳、灰渣以及二氧化硫和二氧化氮，为连云港及周边的碧海蓝天作出贡献。田湾核电厂作为我国首家获得全国工业旅游示范点的核电厂，是全国科普教育基地、江苏省爱国主义教育基地，丰富了当地旅游资源，成为公众宣传的重要窗口。

（4）福建省核电基地

福清核电厂位于福建省福清市三山镇前薛村歧尾山前沿，厂址包容性优良，可适用不同堆型核电建设需要。福建省分别在福清、漳州、宁德、霞浦建有核电基地。

图 2-59　建设中的福清核电厂

福清核电厂建设于中国“积极推进核电建设”阶段，2008 年 12 月 11 日，时任中共中央政治局常委、国务院副总理李克强宣布福建福清核电工程开工。1 号机组于 2014 年 11 月投入商业运行；2 号机组于 2015 年 10 月投入商业运行；3 号机组于 2016 年 10 月投入商业运行；4 号机组于 2017 年 9 月 17 日投入商业运行；5、6 号机组采用的是我国自主研发的全球首堆三代核电技术“华龙一号”，5 号机组于 2021 年 1 月投入商业运行。

核电厂的建设对拉动福建省经济发展、保护福建生态环境等具有重要意义。福建东部临海，西北部多高山，城市空气环境质量易受到本地污染影响，煤电使其环境压力大大增加，选择核电有利于破解这一难题。

（5）海南省核电基地

作为中国大陆第五个建设核电厂的省份，海南省拥有中国最南部核电厂，海南昌江核电厂位于海南省昌江黎族自治县海尾镇。

昌江核电厂 1、2 号机组分别于 2015 年和 2016 年投入商业运行。海南核电一期工程装机规模 130 万千瓦，年售电收入可达 40 亿元以上，极大提高了地方税费收入，并促进周边发展。海南核电工业旅游基地已见规模，成为海南西部科技旅游点，带动地方旅游业。 海南核电一期工程的建成对全面推进“一带一路”建设、国家南海战略、海南环境保护以及美好新海南建设都具有深远意义。

图 2-60 海南昌江核电厂

截至 2020 年年底，中国大陆在运核电机组 49 台，装机容量 5102.716 万千瓦，位列全球第三；在建核电机组装机容量上，位居世界第一位。2020 年 1—12 月，运行核电机组累计发电量 3662.43 亿千瓦时，约占全国累计发电量的 4.94 %。按照中国政府的承诺，2020 年非化石能源在一次能源消费中的占比需达到 15%，2030 年达到 20%。根据中国资源禀赋和现实需求，要实现 2030 年的目标，需要加大能源结构的调整力度。作为公认的低碳能源品种，核电的发展在全面支撑核工业可持续安全发展、稳定创造经济效益、促进国家能源结构优化和电力供应、带动国家高端装备制造业发展、显著减少碳排放保护环境、提升国际影响力、积极促进地方经济发展等方面都作出了突出的贡献。不断扩大的中国核电基地和一个一个被相继点亮的中国核电新版图，让中国核电从小到大，由点到面，迈上了规模化建设新台阶。

3. 从弱到强，安全与高效发展齐头并进

作为核能和平利用的重要方面，我国在核工业初创、发展核军工时期，就对核电有所关注。党的十一届三中全会决定把全党工作重心转到经济建设上来，实行改革开放以后，为缓解当时电力供应严重紧张的局面，党中央、国务院正确决策，为核电发展制订了符合国情、科学的方针路线，在经历起步、小批量建设适度发展、规模建设积极发展和高效安全稳步发展等阶段后，我国迈入世界核电强国之列。

核电技术三步走

核电厂的建设起源于 20 世纪 50 年代，美苏两国建成核潜艇后都第一时间将这个重要技术应用到民用领域。1954 年，苏联建成了电功率为 5000 千瓦的实验性核电厂。1957 年，美国建成了电功率为 90 000 千瓦的希平港原型核电厂。国际上一般认为这些实验性和原理性的核电机组是第一代核电技术。

20 世纪 60 年代后期，在实验性和原理性核电厂机组的基础上，人们陆续建成了 30 万千瓦以上的压水堆、沸水堆、重水堆等核电机组，在进一步证明了核能发电技术可行性的同时，也证明了核电的经济性可以与火电、水电相竞争。70 年代后，因石油涨价引发的能源危机促进了核电的发展，各国纷纷开始新建核电厂，20 多年时间里，400 多座核电厂在全球拔地而起。这一批核电厂采用的技术称为第二代核电技术。

1979 年的美国三哩岛核事故和 1986 年的切尔诺贝利核事故引发了公众对核电厂安全性的质疑，也导致了许多国家核电发展停滞。几十年来，核工业界为了提高核反应堆的安全性做出了不懈努力，采取了各种改进措施。

这其中就包括中国以秦山二期为代表的二代改进型核电机组。

20 世纪末的最后 20 年里，发达国家的核工业界向市场推出一批被称为“第三代”的新产品。其最基本特征是提高了反应堆在事故工况下的安全性。对电能有着巨大需求的中国成为核电巨头们竞相推销第三代核电技术最有吸引力的市场。这便是三代核电技术的区别及其发展的由来。而中国核电技术路线也随着国际核电技术的发展经历了三步走战略。

（1）“起跑”的抉择

关于中国核电技术的“起跑”之路，两次关乎核电命运的抉择不得不提，被称为中国核电发展史上的两次“华山论剑”。

早在 1970 年，周恩来总理针对上海因缺电导致工厂减产的情况作出批示：“从长远看，华东地区缺煤少油，要解决用电问题，需要搞核电。”1970 年 2 月 8 日，上海传达了周恩来总理的指示精神，开始研究部署核电厂建设工作。由此，“728 工程”（即后来的秦山核电厂）起步。“728 工程”初期，提议建设不同堆型方案“熔盐堆”的支持者和“压力水堆”的支持者发生了激烈的争论，开始了中国核电的第一次“华山论剑”。最终结合国内外核电技术发展情况，决定“728 工程”采用压水堆堆型。

第二次“华山论剑”发生在 1983 年 3 月，按国务院要求，国家计委和国家科委联合召开了“我国发展核电的技术政策论证会”，即核电行业内著名的“回龙观会议”。为什么要召开这个会议呢？因为当时国内关于核电发展有三种思路——“全面引进”“外部合作”与“自主研发”，三种思路各有一批人支持，彼此争论不休，在当时看来，并没有对与错。“全面引进”是出于尽快增加电容考虑，要求全面引进国外技术，整套拿过来，这样时间更短，能够快速上项目，提供电能；“外部合作”强调要与国外合作设计、合作生产，逐步提高国产化比例，形成自主的制造能力；而“自主研发”则强调在充分利用现有核电技术的基础上，自主研发核电厂。这给国家计委出了难题，到底走哪一种道路呢？于是，国家计委和国家科委组织了这次会议进行讨论，堪称中国核电发展史上的第二次“华山论剑”。

与会专家经过激烈讨论，最终达成了共识，制定了《核能发展技术政策要点》，充分肯定了我国发展核电的必要性，确定了我国核电发展走压水堆技术路线，主要采用百万千万大型压水堆核电机组技术，并确定了成套引进与自主研发相结合的发展途径。这样的发展思路，不仅保证了电网容量的稳步增长，同时也给自主研发核电技术提供了成长空间。1983 年 9 月，国务院核电领导小组成立。随后，布局已久的秦山一期示范工程和引进法国技术设备的大亚湾核电厂开工建设，秦山二期大型商用核电厂工程也提上日程，中国核电正式起步。

（2）“跟跑”的机遇

世纪之交，国民经济持续快速发展，对能源的需求更加强烈，我国的核电发展战略已由“适度发展”转为“积极发展”。全球核电技术的不断进步和国家核电发展战略的调整，以及“引进、消化、吸收、创新”的政策，让“跟跑”中的中国核电技术抓住了机遇。

中国核电起步阶段便提上日程的秦山二期大型商用核电厂工程，是对当时大亚湾核电厂引进的法国 M310 机型的消化吸收和再创新。大亚湾核电厂是 90 万千瓦的机组，堆芯为 157 组燃料组件，有 3 个回路。但大亚湾核电厂是一个“交钥匙工程”，方法设计、建造、采购设备、安装调试，一切都完成后中方接过来只管运行就可以了。当时中国只能生产 60 万千瓦的发电机。

但是秦山二期不一样，它是三回路改两回路，大量参数要重新计算，堆芯由 157 组燃料组件改为 121 组燃料组件，几乎相当于重新设计一个反应堆。通过艰苦的科研攻关、消化吸收再创新，国内揭开了装备制造企业的转型升级大幕。秦山二期 1、2 号机组平均国产化率达 55% 以上，而后来的秦山二期 3、4 号机组的设备国产化率更是达到了 77%。我国核电装备行业的龙头企业，比如上海电气、哈尔滨电气、东方电气等企业都是当年在秦山二期核电厂设备研制过程中逐步建立起成熟的核电设备制造能力。很快，秦山二期扩建工程（简称“秦山二扩”）的两台机组被提上议事日程，仿照秦山二期工程，再建造两台 65 万千瓦核电机组。国家还为它确立了“翻版加改进”的设计和建设原则。按照业内的代际划分，秦山二扩依然只是第二代核电技术。

远在广东深圳的大鹏半岛上，与秦山二期几乎同时起步的岭澳一期核电厂已建成投产。岭澳一期核电厂的两台机组和大亚湾核电厂的两台机组一样，都是买自法国的 M310 技术，虽然设计仍由法国人主导，但中国人实现了自主建造和安装。岭澳二期核电厂工程以岭澳一期为参考电厂，采用“翻版加改进”的原则，岭澳二期是国家明确的“二代改进型核电技术示范工程”，这种二代改进型核电被称为“二代加”。2005 年年底，岭澳二期总体设计及初步设计完成，顺利开工，“二代加”核电技术方案为标准化、批量化自主建设百万千瓦级压水堆核电厂创造了条件，对积极推进我国核电自主化建设具有重要意义。

中国从 20 世纪 80 年代几经波折试探性地建设秦山一期和大亚湾核电厂，到 90 年代逐渐摸索出一些经验，积累了一些技术和人才，再到新世纪里百万千万核电机组的增长，这正是沿着“回龙观会议”确定的思路一步步在推进。在“跟跑”全球核电技术不断进步的同时，我国核电建设必然以百万千瓦的机组为主。

（3）“并跑”的实力

岭澳二期研发的项目方案成为中国自主核电批量化建设最多的核电技术，为我国快速提升核电装机容量立下汗马功劳。没有长远的目光显然是不能成就卓越的，在开始秦山二期建设的时候，中国核工业人就已经将目光瞄向了百万千瓦机组上，而这一举动更是造就了中国三代核电技术的雏形。只是那时没人会料到，从“跟跑”到“并跑”会走得如此艰难。

我国第三代核电技术的起源还得从 1996 年说起。这一年，秦山二期工程设计任务完成，现场顺利开工。中国核动力研究设计院的十多位技术骨干在此时逆流而上，从杭州湾畔回到了寂静的青衣江畔，开始了对中国自主的百万千瓦核电技术的封闭式研讨。

反应堆物理、热工水力、核燃料等专业的年轻骨干，大多数经历了秦山二期设计的锤炼，既有专业功底，又有工程经验。就压水堆而言，堆芯布置非常关键，它决定了一个机组的型号，就像汽车一样，外形貌似差不多，但其动力却因发动机的型号不同而千差万别，反应堆就像核电厂的发动机。法国的百万千瓦核电机组 M310 是在反应堆堆芯中装填 157 组燃料组件，称为“157 堆芯”，所以最开始核工作者们就明确了“既然我们要搞自己的百万千瓦反应堆，那就肯定不能再用法国人的 M310 堆芯，一定要跟它不一样！”的目标。

昼夜不息的青衣江畔见证了核工作者们的“头脑风暴”，百万千瓦反应堆堆芯的备选方案，包括 177 组燃料组件、193 组燃料组件、241 组燃料组件等。针对这些布置方案，大家逐一讨论、计算、验算，再统筹考虑经济性、安全性等因素，最终决定采用177组燃料组件的堆芯布置，简称“177堆芯”，它比法国M310的157堆芯要“胖了一圈”，反应堆安全性提升的同时经济性也有所提升。严格来说，刚刚诞生的“177堆芯”百万千瓦核电技术方案，此时只是一个雏形，还不能算第三代核电技术，中国核电人给这个三代核电技术雏形起名CNP1000。要想成为真正的第三代核电技术，CNP1000还有许多相关的计算和实验。但是国际上的第三代核电技术此时由美国AP1000和法国EPR两家独占鳌头。为了充分维护国家利益，决策层决定采取国际招标的方式，以选取经济性更佳的第三代核电技术。

2006年，美国西屋的AP1000成为中国核电此次引进中的最大赢家，在中国一下子就拿下了浙江三门和山东海阳四台核电机组订单。AP1000引进合同的墨迹未干，法国的EPR机型也落脚到广东台山项目。眼看国外三代核电技术在中国核电厂址落地生根，中国人自己研发出来的百万千瓦核电技术CNP1000却无人问津。带着不甘和遗憾，中国核电人夜以继日的努力着。2009年，距离“177堆芯”最早提出已经有10多年了，全球核电技术有了许多进展，中国核电为了保存自主核电技术果实，在吸收国际上新核电技术的同时，再次部署了中国自主研发的百万千瓦核电技术，并将型号名称由CNP1000变更为CP1000，即中国压水堆，并以福清核电5、6号机组为依托项目。2010年4月29日，拥有自主知识产权的百万千瓦核电技术CP1000通过国内42名核电顶级专家评审，它的特征是“177堆芯”“单堆布置”“双层安全壳”。评审组组长叶奇蓁院士说：“这意味着我国百万千瓦核电技术具备了出口条件。”

2014年11月，国家能源局正式批复，同意福清核电5、6号机组采用 CP1000 技术方案，经过各方验证的“177 堆芯”走进大众视线。至此，中国核电工作者们为之努力了 20 多年的三代核电技术终于开始从蓝图变为现实，中国完全自主研发的核电技术终于实现了迄今为止最为重要的跨越——不仅开启了国内建设的热潮，同时也成为第一个走出国门的三代核电技术，中国核电技术实现了从“跟跑”到“并跑”的跨越。

安全高效的三代核电

中国核电技术在经历了引进、消化、吸收之后，迎来了创新之路。第三代核电技术满足核电厂在安全性、经济性方面的更高要求。第三代核电技术根据设计理念的不同，可分为改进型和革新型。

（1）AP1000 非能动压水堆

APl000 是美国西屋公司开发的一种双环路第三代先进型压水堆，它是 AP600 技术设计逻辑上的延伸，其保留了 AP600 非能动安全系统的设计，同时提高功率输出水平，降低发电成本。AP1000 主要特点有：反应堆冷却剂系统与主要设备采用成熟设计、非能动设计提高安全性与经济性，设有严重事故预防与缓解措施，采用模块化建造技术。

三代核电技术 AP1000 的最大特点是采用“非能动安全系统”，及时冷却反应堆厂房并带走反应堆产生的余热，减缓设计工况中有可能发生的意外事故，大大提高核电安全性。

2007 年 3 月 1 日，国家核电技术有限公司、三门核电有限公司、山东核电有限公司与美国西屋联合体签署《AP1000 核岛采购框架合同》及《AP1000 技术转让框架合同》，由国家核电技术有限公司联合美国西屋公司和绍尔工程公司负责实施自主化依托项目的工程设计、工程建造和项目管理。

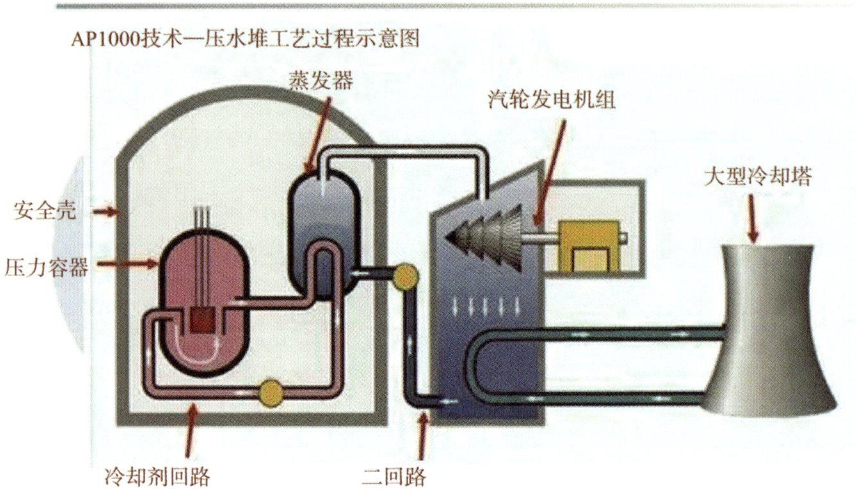

图 2-61　AP1000 压水堆工艺过程示意图

三门核电项目规划建设 6 台 125 万千瓦的核电机组，总装机容量为 750 万千瓦，分三期建设，设计寿命为 60 年，是中美两国最大的能源合作项目，全球首台 AP1000 核电机组，也是浙江省有史以来投资最大的单项工程。

（2）EPR 欧洲压水堆

EPR 由法国法马通和德国西门子共同开发，属于第三代改进型压水堆，采用四环路，基于欧洲现有核电厂，并且满足 EUR 的要求，具有成熟性的同时，也具有一定的先进性。EPR 的主要特点有：设有严重事故预防与缓解措施、先进的仪控设计、较高的安全性和经济性。EPR 是四环路大功率核电机组，热功率为 425 万～490 万千瓦，电功率为 160 万千瓦。反应堆冷却剂泵采用立式、单级混流泵，由水力单元、轴封和电动机组成。在反应堆冷却剂泵的电动机轴上安装了飞轮，在全厂断电和设计基准地震同时发生的情况下，保证了主泵的惰转能力仍能维持。

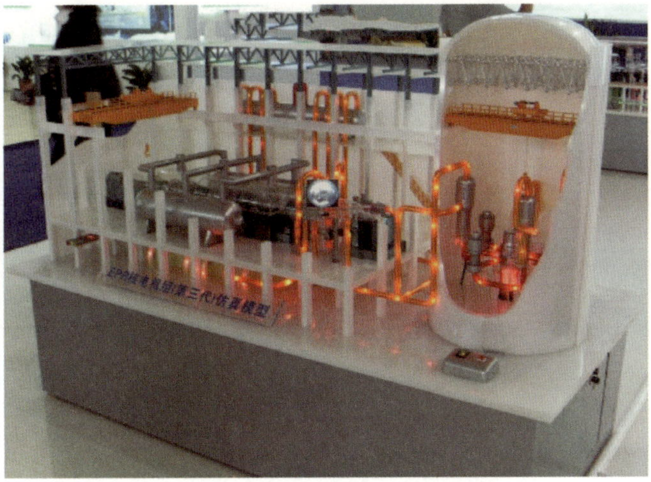

图 2-62 EPR 核电机组仿真模型

2018 年 6 月 29 日，作为 EPR 全球首堆台山核电 1 号机组正式并网发电。台山核电厂规划建设 6 台压水堆核电机组，一期工程引进第三代核电 EPR 技术，建设两台单机容量为 175 万千瓦的核电机组。EPR 吸收了法国 N4 型和德国 KONVOI 型核电厂的设计、建造和运行经验，在堆芯设计、系统设计、保护和控制体系优化、安全壳设计方面做了大量改进，提高了核电厂抵御内部、外部灾害的能力；增强了安全系统的冗余度，安全系统由 2 列增加为 4 列，采取有效的严重事故预防及缓解措施，纵深防御能力进一步增强，核电厂安全性能显著提高，堆芯熔化概率达到 9×10^{-7}，比采用二代技术的核电厂降低一个数量级。

（3）中国“华龙一号”

“华龙一号”全球首堆福建福清核电 5 号机组于 2021 年 1 月 30 日正式投入商业运行，标志着我国在三代核电技术领域跻身世界前列，成为继美国、法国、俄罗斯等国之后真正掌握自主三代核电技术的国家，核电技术水平和综合实力已跻身世界第一方阵。

“华龙一号”采用177组燃料组件堆芯，让单台机组装机容量高达116.1万千瓦。“心肌更发达，功率也更高”这是“华龙一号”的“独门秘籍”——堆芯组件数量的增加不但提升了功率，也带来了单个组件负荷的减轻，安全度随之进一步提升。在近20年的研发工作中，“华龙一号”研发团队共开展了54项科研攻关项目，其自主知识产权覆盖了设计、燃料、设备、建造、运行、维护等领域，在反应堆堆芯设计、能动和非能动安全技术、燃料技术、计算分析软件等方面，真正掌握了核心技术。

技术的自主创新也带动了高端装备制造业升级。“华龙一号”涉及5300多家设备供货商，分布全国各地，各项组件共计6万多台套设备，设备国产化率达到88%以上。一大批核电装备和零部件生产企业伴随“华龙一号”迅速成长。不仅如此，通过“华龙一号”示范性工程的建设，我国核电建造队伍已全面掌握了自主建造三代核电厂的核心技术和建设经验，目前已形成每年8~10台套批量化三代核电主设备制造及建设能力。

“华龙一号”从2015年5月7日正式落地福清，到2021年1月30日投入商业运行，相较国外同类工程，“华龙一号”首堆机组成本降低了20%~30%。这让“华龙一号”成为当前核电市场上接受度最高的三代核电机型之一。在巴基斯坦卡拉奇，2台“华龙一号”在建机组顺利推进，智利、英国等也纷纷提出了项目引进的合作意愿。按目前市场情况测算，每台“华龙一号”机组全寿命期内在国内创造产值将超过2000亿元人民币，并提供超过15万个就业岗位。另外，每出口一台“华龙一号”机组，将为我国带动相关机电产品和材料出口近200亿元人民币。与高铁一样，“华龙一号”是中国装备制造“走出去”的亮丽名片。

（二）中国智造，自主研发助力“华龙”腾飞

核电技术的水平已成为一个国家科技创新水平的重要标志。我国核电发展起步较晚，但发展速度较快。从 20 世纪 70 年代开始，我国从“借船出海”到“造船出海”，从一个核电大国向核电强国迈进。发展核电刚刚起步的时候，就确定了自主研发的目标，必须具有完全自主知识产权的核电技术，才能赶得上世界上最强的核电国家。核心技术靠市场是换不来的，只有靠自主研发才能真正掌握，才不会受制于人。也只有掌握核心能力，才能真正“亮剑”，赢得尊重和未来。比“中国速度”更为引人注目的，是中国核电技术从“跟跑”到“并跑”的转变。中国核电发展史上永远铭记着几个“核之荣耀”的高光时刻——

2015 年，我国拥有完全自主知识产权的三代核电机组“华龙一号”全球首堆在福建福清开工建设。同年 12 月 4 日，在南非，习近平向南非总统介绍说：“这是我们自己的技术，我们要把它推向非洲和全世界。”

2017 年 6 月 8 日，在阿斯塔纳世博会开幕前夕，以“未来能源，绿色丝路”为主题的中国馆，习近平总书记对纳扎尔巴耶夫总统介绍说：“‘华龙一号’是中国完全自主知识产权的三代核电技术。”

2021 年 1 月 30 日，“华龙一号”正式投入商业运行。目前，已在国内外开启批量化建设。这标志着我国在三代核电技术领域跻身世界前列，成为继美国、法国、俄罗斯等国家之后真正掌握自主三代核电技术的国家。

“华龙一号”为何获得国家领导人如此赞许和推介？这要从“华龙一号”核电技术的先进性讲起。

1. 智慧结晶，“华龙一号”的安全理念

2011 年 3 月 11 日，发生在日本的福岛核事故震惊世界，日本东北太

平洋地区发生里氏 9.0 级地震，而后发生海啸，受地震海啸影响，导致福岛第一核电厂所有的厂外供电丧失，地震切断了整个福岛县的电力供应，反应堆无法停堆，堆芯温度持续上升，最后导致堆芯熔化和氢气爆炸，放射性物质泄漏到环境中。这次事故再一次将核电厂安全问题推到世人面前。

众所周知，“安全”对一个核电厂来说有多重要。那么，应该如何正确理解“安全”的含义呢?

安全本身有三个属性：第一个属性，安全是人类永恒的问题，只要有人类存在，就永远会面对安全问题；第二个属性，安全是一个相对概念，没有绝对安全的存在；第三个属性，安全是一个变化的概念，在不同的时间，不同的环境，对同样的事情认识是不一样的，大的环境变化了，人们可能会随之改变对安全的看法。安全是一个主观判断，取决于人们的世界观。实际上安全问题最终都要归结为风险问题，任何决策，从根本上都是风险决策，因为从科学角度看，任何事情包括任何能源形式都有安全风险。安全一定要用风险来衡量。

中国作为负责任的大国，在发展核电上首先考虑的是安全。所以，中国在国际上率先提出在新建的项目上要满足最高的安全标准。“华龙一号”作为我国拥有完整自主知识产权的第三代先进压水堆核电厂，其安全性在国际上名列前茅，“能动与非能动相结合”的安全设计理念能够保证在事故情况下 72 小时内不需要外部干预也能确保反应堆的安全，这杜绝了切尔诺贝利核事故和福岛核事故重演的可能；除此之外，“华龙一号”采用自主设计的 177 堆芯，相比以往的 157 堆芯，堆芯体积更大，就像一个电热水壶一样，加热面积更大了，烧同样的一壶水，电热丝的温度就可以更低一些，这进一步增加了堆芯的可控性；“华龙一号”还采用双层安全壳，能够防止商用大飞机的撞击等，这些都是具有最高标准的三代核电技术安全设计。

图 2-63 “华龙一号”汽轮机部件

“华龙一号”一个机组并网发电后能够满足一个中型城市（如陕西大同市）的用电需求，每年减少耗煤 530 万吨，预计减少二氧化碳排量 1300 万吨，相当于植树 2.6 亿棵，覆盖面积 300 万亩，可以覆盖近 1/5 个北京。“华龙一号”不仅打破了国外核电技术的垄断，让中国拥有世界领先的三代核电技术，成为中国制造走向世界的新名片，而且还为世界的绿色发展奉献了一份中国智慧。

（1）“能动与非能动”的完美结合

所谓能动，是需要通过外部的触发和动力源来实现安全功能。所谓非能动，是不依赖于外来的触发和动力源，而是通过自然对流、重力、蓄压势等自然本性来实现安全功能。

在以往建设的核电厂中，能动安全设施是必备的，经过大量的工程检验，被认为是可靠且有效的，但是福岛核事故的发生，让人们开始疑虑，如果动力源一旦失去，那么能动安全设施不就形同虚设，完全无法发挥其作用了吗？有了这个设计改进，即便发生类似日本福岛核事故，也能启动“自我防护模式”，防止福岛核事故的重演。

所谓能动安全，是指在假定事故发生时主要通过安全系统的主泵供水冷却反应堆，这些系统要多套冗余设置，以提高安全功能的可靠性。而所谓非能动安全，主要是考虑电厂丧失全部电源的极端情况，这时候依靠电力驱动的水泵无法投入运行，执行安全功能。而非能动安全系统可不依赖外部电源，仅靠重力提供动力即可运行，带走反应堆事故后产生的热量，更好地保证安全。好比在日常生活中，桑拿浴室里的热蒸汽总是向上走，山上的水总是往低处流等自然现象。非能动安全装置就是这样的原理，在反应堆上方安装一个巨大的冷却水箱，一旦发生事故，即便核电厂全部停电，亦可用重力使冷却水向下流动带走热量，从而达到冷却反应堆的作用。

非能动安全壳热量导出系统配置有三个冷却水箱，共 3000 吨左右的装水量，作为严重事故后安全壳内释热的最终热阱。在安全壳内设置 12 个换热器，换热面积共 1000 多平方米。蒸汽发生器二次侧非能动排热系统与非能动安全壳热量导出系统共用一个换热水箱，并在水箱内设置管壳式换热器。应急堆芯冷却系统还设置了非能动安全注入水箱。当反应堆冷却剂系统压力降到低于一定值时，安全注入水箱自动向反应堆冷却剂系统注入含硼水以保证堆芯的冷却。作为应急堆芯冷却系统的纵深防御补充手段，非能动堆腔注水系统配置了一个堆腔注水冷却水箱，水箱装有 2200 多吨水，在发生严重事故时通过向堆腔注入冷却水，冷却压力容器外表面来导出堆芯衰变热。堆腔注水冷却系统主要是为应对反应堆堆熔以后，不会熔穿反应堆压力容器而设计的。举一个比较形象的例子，高压锅里面装了一锅铁水，但是为了不把高压锅给熔穿，需要在高压锅的外面，用水来冷却这个高压锅，使它保持完整性。

图 2-64　“华龙一号”穹顶吊装

由于这些安全系统的非能动设计理念及配备的高位换热水箱，“华龙一号”机组可以满足事故后 72 小时不干预原则，非能动安全系统在设计基准事故或超设计基准事故甚至严重事故时会自动投入运行，分别执行预防堆芯熔毁、堆芯熔毁后保证压力容器的完整性、提供蒸汽发生发器二次侧冷却、保证安全壳不超温超压、消除氢气爆燃及爆炸风险等安全功能。按照核电纵深防御的思想，在应对设计基准事故工况时，以能动的安全系统为主，辅助以非能动的安全手段。而在处理超设计基准事故时，增设非能动的安全措施，在能动手段不可用时投运非能动系统导出堆芯热量并维持安全壳的完整性。能动与非能动相结合的技术，可以确保应急堆芯冷却、堆芯余热导出，安全壳热量排出，充分考虑了像福岛核事故这样大的天灾情况下确保核反应堆的安全。

能动加非能动的设计组合，是对核电安全系统配置设计的一个创新。“华龙一号”安全系统采用两个能动安全系列加非能动安全系列的组合，增加安全相关系统的多样性，从而使反应堆堆芯损坏频率降低近 80%。而且非能动的设计主要通过重力将水注入反应堆一回路系统中，布置在反应堆安全壳厂房内，与其他厂房基本没有接口，布置简单。能动与非能动的组合相互取长补短，充分发挥各自优势，确保最核心的反应堆安全。

（2）纵深防御的中国方案

我国常见的压水堆核电厂有三重“金钟罩、铁布衫”，就像俄罗斯套娃一层套一层，一关把一关，每一关出问题都会有相应的保护措施出现，确保不发生放射性物质外泄的事故。就算保护措施全部失灵，也会有最后一关“安全壳”。

第一道屏障是燃料元件包壳，燃料芯块是烧结的二氧化铀陶瓷基体，核裂变产生的放射性物质98%以上将被包裹在包壳内，不会释放出来。

第二道是反应堆压力容器，它是核电厂重要的实体安全屏障之一，一旦堆芯损坏，它必须要能把放射性物质包容在其中，不能外溢。“华龙一号”反应堆压力容器高约11米，净重316吨，它的加工精度执行的是全球核电装备的最高标准。这样的精密制造，确保了“华龙一号”压力容器的安全性能。不仅使用寿命从之前的40年延长至60年，作为重要的安全屏障，将发生核裂变反应的堆芯被严密的包裹在其中，即便发生核事故，放射性物质也会牢牢地禁锢在压力容器之中。

拥有了如此坚固的安全屏障，“华龙一号”是否就绝对安全了呢？有时站在制高点上，会让“华龙一号”的设计师更清晰全面地去思考，还有什么因素会威胁到核电厂的安全，哪怕只有百万分之一的可能性。

第三道屏障是安全壳，它是核电厂标志性的圆柱体建筑，是核反应堆与外界隔离的极为重要的安全屏障。当出现比较严重的事故时，例如出现堆芯破损的时候，大量的放射性物质会出来，这个时候需要靠安全壳把它兜住，安全壳还有降温降压带热的这些措施，能够把放射性物质压制包容在安全壳里。

有了这三道屏障，就能保障核电厂的安全，如果把核反应堆比作一条威力巨大的苍龙，这三道屏障就相当于关住苍龙的笼子，它必须坚不可摧。

（3）临“震”不惧的设计改进

地震，是核电厂安全的最大威胁之一，“华龙一号”的抗震设计不仅能够抵御 9 级烈度地震，还可以抵御目前经历过的所有台风级别。别小看这一设计改进，“华龙一号”抗震的设计基准的变化，对抗地震有了更可靠的安全保障。在充分考虑到福岛核事故的影响，将设计基准地震等级由 0.2g 提升到 0.3g。

0.3g 是什么概念？参考民用建筑来说，就是抗震设防烈度 8.5 度，在该烈度下房屋将遭受严重破坏或坍塌。设计基准地震等级的增加大大地提高了整个核电厂的抗震能力和机组的安全性。核反应堆厂房的设计在水平方向和竖直方向的地面峰值加速度均按照 0.3g 作为地震输入标准，如果核电厂所在区域发生地震时对反应堆厂房地面水平和竖向带来的移动加速度在 0.3g 及以下，核电厂的厂房不会有影响。从国家颁布的地震烈度表来看，福清核电处于地震动参数为 0.19g 的区域，0.3g 的抗震设计远远高于该区域的限值水平。

“华龙一号”的抗震水平比之前提高了 50%，给设计和力学分析带来巨大挑战。所有厂房的结构力学计算都要从头开始。“华龙一号”的设计在力学分析工作上进行了大量的创新，首次采用 8 种厂址完成抗震设计分析，验证厂房采用三维模型和杆梁模型的差别，试验验证控制棒驱动机构的抗震性能，实验验证和现场实测反应堆堆内构件的流致振动情况，严格按照规范验证设备60年的疲劳寿命和断裂性能。当然，抗震设计基准的提升，在现场施工和设备制造中也有明显变化，反应堆厂房的底板、楼板、墙体等所使用的钢筋加粗加密，混凝土墙板的含筋量大大增加。

另外，所有系统和安全级设备都必须符合抗震要求。例如压力容器、蒸汽发生器、应急柴油发电机等也因此提高了抗震设计载荷要求，增加了大量的制造研究项目和试验项目，大大地提高了“华龙一号”的安全性。

（4）“抗大飞机撞击”的双层保险

为抵御类似“911”恐怖事件的发生，“华龙一号”设计要求安全壳能经受住商用大飞机撞击。为了实现这一目标，工程师们设计了双层安全壳。双层安全壳作为“华龙一号”安全系统的第三道屏障，在设计上，对它赋予了很多安全功能：对内，一旦发生核泄漏，可以把放射性物质包容在安全壳里面，确保环境不受到污染，确保周围人员的安全；对外，要经受大飞机的撞击、龙卷风的狂袭。

其中，安全壳内壳的厚度是1.2米，外壳的厚度是1.5米，两层由钢筋混凝土铸造起来的巨大的圆柱体建筑，纵横交错的钢筋密度远高于民用建筑，钢筋间的左右间距为20厘米，误差不能超过2厘米，一旦误差过大，便会影响整体钢筋的布局，最终影响安全壳的质量。“华龙一号”双层安全壳的总体厚度达到2.7米，高63米，所使用钢筋的尺寸是民用钢筋的两倍。而且在安全壳的内壁，还增加了一层6毫米厚的钢板。这个用钢筋密密麻麻编织起来的牢笼，使用钢筋量达到11 600吨。

图 2-65　建设中的“华龙一号”核电厂

双层安全壳的设计，虽然安全性提高了，但增加了工艺难度。例如在双层安全壳内壳上镶嵌 6 毫米钢板的缝隙焊接上，就有着极高且苛刻的技术要求。这圈钢板所起到的作用是一旦发生小的核事故，确保所有扩散物质不会扩散到外界。把一块块钢板衔接成 45 米直径的圆圈，意味着要把 2200 吨的钢板焊在一起。这个过程被形容为“缝衣服”，担任焊接的核级焊工是裁缝，把这些（钢板）材料拼接在一起。但核电钢板的焊接显然比衣服的制作要求更加严丝合缝。在焊接过程中，除了具体负责焊接的核级焊工，周围还配备专业的检测人员，在完成的每一处焊缝后进行人工无损检测。这只是第一关，被焊过的钢板还要被送到金属实验室，去拍 X 光片做进一步检测。金属实验室是一间建造在核电厂施工现场的厂房，每天，被焊接完的钢板都要被拿到金属实验室进行 X 光拍照检测。就像去医院进行外科检查和内科检查一样。仅靠人工肉眼判断不够，一定要用专业的机器去分析焊缝中是否存在气孔、杂质等。有时候不合格处仅有针尖似的小黑点那么大，这也十分考验检测者的眼力和专业。最后，这些焊缝即便通过 X 光片检测没问题，还要检测其在高温和低温环境里的耐受程度。不仅是焊接的质量有要求，在施工过程中，包括钢筋混凝土、预应力系统，每道工艺都有严格的标准和程序。一张钢板从制定、生产、焊接再到最后完成检测，需要大半年的时间。对每一块钢板的精益求精，造就了世界上一支坚不可摧的核工业建设队。一切有人负责，一切有章可循，一切有据可查，一切有人监督。每一道环节，每一道工序严格按照国家核安全局的要求，绝对不能含糊，“华龙一号”工程建设是可以追查到任何一个人，任何一件事，任何一个材料的来源。

我国自主研发设计的“华龙一号”充分利用并结合了我国近30年来核电厂设计、建设、运营所积累的宝贵经验、技术和人才优势；充分借鉴了国际上先进的核电技术；充分考虑了历次核事故，特别是福岛核事故后国内外的经验反馈，全面落实了核安全监管的要求；充分依托装备制造能力和体系，实现了集成创新，保障了核电厂的安全高效。

2. 国家名片，中国核电走向世界舞台

在发展清洁能源，实现碳达峰、碳中和成为普遍共识的今天，“华龙一号”不仅开启了国内建设的热潮，对外的表现同样优秀。作为中国先进核能的代表，“华龙一号”在我国与相关国家开展核能合作的对外拓展中，已成功出口两台机组到巴基斯坦，与此同时，得到了埃及、巴西、沙特等越来越多区域用户的响应与期待，名副其实成为中国高端制造业走向世界的一张响当当的“国家名片”。

（1）不惧硬碰硬的技术较量，自主核电技术获国际认可

“硬核”实力通过IAEA审核。在“华龙一号”的前身ACP1000技术研发完成以后，其研究团队远赴奥地利请国际原子能机构（IAEA）的专家对ACP1000技术进行审查。中国自主三代核电技术首次面对国际同行，既是虚心求教，也是主动推广。IAEA的专家们对于美国、法国、俄罗斯、

韩国的技术都非常了解，但对于一直“跟跑”的中国技术并不了解。当科研团队向他们介绍具有中国自主知识产权的三代核电技术ACP1000时，现场没有人给予评价，专家们表示，需要研究一段时间再做回复。

几个月后，IAEA的专家们经过认真审查，终于给出了书面结论：“ACP1000在设计安全上满足IAEA关于先进核电技术最新设计安全要求和标准”，并且“ACP1000在成熟技术和详细的试验验证基础上进行的创新设计成熟可靠”。这几乎已经是IAEA针对全球各种具体反应堆型号给出过的最高评价了。

海内外示范工程分别落地。2014年11月3日，国家能源局正式批复，同意福清核电5、6号机组采用“华龙一号”技术方案。此后，国内“华龙一号”示范工程福清核电5号机组于2015年5月7日开工，海外“华龙一号”示范工程巴基斯坦卡拉奇2号机组（简称“K2机组”）亦于同年8月20日浇筑第一罐混凝土。

图2-66 核电站穹顶吊装

至此，中国核工作者为之努力了 20 多年的“华龙一号”开始从蓝图变为现实，中国完全自主核电技术实现了迄今为止最为重要的跨越——成为第一个走出国门的三代核电技术，成为当之无愧的“国家名片”。

（2）海外示范工程建设，让世界看到中国人的能力

海外建设者克服恶劣环境。“华龙一号”海外工程在施工建设过程中还面临着与国内不一样的困难和挑战。

“华龙一号”示范工程所在地卡拉奇是巴基斯坦第一大城市，距首都伊斯兰堡 1500 千米，位于巴基斯坦南部海岸、印度河三角洲西北部，南濒临阿拉伯海、居莱里河与玛利尔河之间的平原上。卡拉奇地处荒漠，当地常年高温，夏季温度高达 50℃，这使得当地施工环境极其恶劣，给现场工作人员带来了极大的挑战。在这样恶劣的环境下，正是所有的海外建设者用他们的坚守，奠定了项目平稳推进的基石，为核事业的发展提供着不竭的动力。

“设计梦之队”助力工程建设。实施“华龙一号”海外工程包括设计、采购、施工、调试和技术服务在内的“交钥匙”工程总承包。为支撑“华龙一号”海外工程，“华龙一号”总设计师邢继亲自领衔，经过所有参建者近 4 年的共同努力，“华龙一号”海外示范工程——巴基斯坦卡拉奇核电 2 号机组正式投入商业运行，标志着我国自主三代核电“走出去”的首台机组顺利建成。

（3）“巴铁”示范效应辐射全球，中国自主三代核电技术走向世界

如今，在“巴铁”，我国自主三代核电技术“华龙一号”海外示范工程的成功商运，成为了践行国家“一带一路”倡议，实施“走出去”战略的又一个重要里程碑。

当之无愧的世界知名品牌。基于“华龙一号”的先进技术、首堆建设的

顺利推进，越来越多的国家抛来了合作的“橄榄枝”。除巴基斯坦、阿根廷外，目前有埃及、巴西、沙特、阿尔及利亚、苏丹、加纳、马来西亚等近20个国家与中国洽谈了“华龙一号”的合作相关事宜。

以巴基斯坦辐射南亚市场，以阿根廷辐射中南美市场，以阿尔及利亚辐射非洲市场，以沙特辐射西亚市场，中国自主三代核电技术正迈着稳健的步伐昂首走向世界，演绎非凡精彩。

（三）核能续力，共创清洁能源新未来

能源就是向自然界提供能量转化的物质（矿物质能源，核物理能源，大气环流能源，地理性能源）。能源是人类活动的物质基础。从某种意义上讲，人类社会的发展离不开优质能源的出现和先进能源技术的使用。在当今世界，能源的发展，能源和环境是全世界、全人类共同关心的问题，也是我国社会经济发展的重要问题。

中国国家领导人在第七十五届联合国大会上发表重要讲话时指出，中国将提高国家自主贡献力度，采取更加有力的政策和措施，二氧化碳排放力争于2030年前达到峰值，努力争取2060年前实现碳中和。这是中国在《巴黎协定》承诺的基础上，对碳排放达峰时间和长期碳中和问题设立的更高目标。中国也是全球主要排放国里首个设定碳中和限期的，努力建设绿色发展中国家。

1. 核能续力，建设绿色中国

人类在完成了两次能源革命之后，煤炭、石油为全球经济带来了迅猛的发展，与此同时高二氧化碳、甲烷和氮排放引发的全球恶劣气候正惩罚着地球上的每一个人。《巴黎协定》之后，各国对碳减排达成了共识，相继提出

了新能源发展目标。所谓第三次可再生、清洁能源的转型早已不是新鲜话题，随着经济社会对能源需求的持续增长和低碳社会的到来，传统石化能源向非石化新能源的第三次重大转换已成必然。

火的认识与利用

在万年以前的云南元谋人遗址中和大约同一时期山西芮城西侯度遗址中，发现了已知的人类最早的用火遗迹。在 50 万年以前的北京周口店"北京人"居住的岩洞里，上、中、下部都找到了"灰烬层"。在"灰烬层"中，草木灰中夹杂着木炭、石头和兽骨，灰烬按一定部位成堆分布，这说明"北京人"已有意识地用火。在长期的生产和生活实践中，古人类不断总结经验，寻找着人工取火的方法，终于发现钻木可以取火。一般认为，人工取火大约出现在旧石器时代的晚期。

对火的认识和使用，是人类历史上第一个伟大的化学发现。它为物质发生化学变化创设了重要条件，增长了人类和自然作斗争的威力，也改变了人们的生活习惯和生活方式。可以说火的使用既改造了自然也改造了人类本身。

（1）煤炭时期

煤炭，中国古代称"石炭""乌薪""黑金""燃石"等。最早记载煤的名称和产地的著作是战国时期的《山海经》。《汉书 · 地理志》上也记载："豫章郡出石可燃，为薪。"说明煤已用于江西南昌附近人们的日常生活中。明朝时，煤炭已是冶铁的主要燃料。著名科学家宋应星在他的《天工开物》一书中就有关于"冶铁"的记载。他还记述了当时采煤时以长竹筒伸向井底，以排除毒气的方法。中国宋朝时已用焦炭炼铁，1961 年在广东新会县发掘出的南宋炼铁遗址中，除发现有炉渣、石灰石、铁矿石外，还发现焦炭。这是世界上用焦炭炼铁的最早实例。

煤炭的开采始于13世纪，而大规模开采并使其成为世界的主要能源则是18世纪中叶的事了。1769年，瓦特发明蒸汽机，煤炭作为蒸汽机的动力之源而受到关注。第一次产业革命期间，冶金工业、机械工业、交通运输业、化学工业等的发展，使煤炭的需求量与日俱增，直至20世纪40年代末，在世界能源消费中煤炭仍占首位。煤炭的使用让人类获得了更高的温度，推动了金属冶炼技术的发展，工业革命后100多年生产力的发展，促进了人类近代社会的进步。

图2-67 煤炭

（2）石油时期

石油在古代又称“石漆”“水肥”“石脂”“猛火油”“雄黄油”“石脑油”等。最早记载石油的文献是公元1世纪的《汉书·地理志》。书中云:“高奴县有洧水可燃。”高奴即今陕北延长县一带。《后汉书·郡国志注》对石油产地、性质做了较详细的描述：①石油产于石下；②比水轻，像肉汁一样浮在水面，但不能吃，有毒性；③燃烧时，发出明亮的光焰；④有了正式名称—石漆。到了晋时，石油不但用作燃料，还用于机械润滑。北魏至隋唐时代，中国西北多处发现

图2-68 石油探井

石油，劳动人民用石油涂牛皮，即可润泽皮革又可防水。宋朝时，劳动人民开始用含蜡量极高的固态石油制成蜡烛，用以照明。宋朝著名科学家沈括发明用石油作墨，最早把石油用作石油化工原料，他在《梦溪笔谈》中明确提出“石油”一名。

石油资源基准可以分为三类：已探明储量（已探明但未开采的石油），储藏增长值（主要由于技术因素增加了油气的回收率，导致储量的增加），未发现储量（有待通过勘探发现的资源）。美国、苏联、中南美洲以及非洲的储量增长较快，而苏联和中南美洲的未发现储量较大。蒸汽机的发明使得人类以机械动力大规模代替了人类和畜力，人类的主要能源由柴薪向煤、石油、天然气等化石能源转化。化石能源是当今世界的主要能源，推动了化石燃料工业的兴起，使人类进入工业化社会，又使人类进入电气时代。电能是由其他形式的能转化来的二次能源，它最终还要转化为光能、内能、动能等其他形式的能才能为人类所用。电能的利用是人类进入现代文明社会的标志。

（3）可控核能

事实上，任何时期的革命和转型都不是一蹴而就的。以史为鉴，一次成功的能源转型至少要经过半个世纪以上的时间，在这个过程中，新旧能源长期共存的局面必将伴随整个转型时期。所以时至今日，大部分人的目光依然聚焦于当今的能源霸主——石油。但随着人类发展对环境的迫切要求，石油在通往第三次能源转型的道路上已然疲态尽显，而具有能量密度高、原料储量丰富、安全环保清洁等特点的核能越来越彰显出其强大的优势。

核电是当今世界普遍认可的清洁能源。大力发展核电是加快经济增长方式转变，建设资源节约型、环境友好型社会的必然选择。

中国在太阳能、风能、核能等各细分能源领域的单向能效指标都获得突破。在多年实际行动中，清洁高效安全的核能在中国能源结构调整，迈向低碳转型之路上发挥了重大作用。可以说，强力推行节能减排政策已成为我国经济社会可持续发展的关键一环、是全面建设小康社会的必然选择，是关系造福子孙后代的大事，也是关系全球环境的大事。减排压力在肩，在能源领域，首要的问题是加快改变以火电为主结构性失衡的问题，大力发展清洁能源。从现实的选择分析，提高核电比重则尤其关键。国际原子能机构提供的资料显示，一座 100 万千瓦 的燃煤电厂每年需要消耗约 300 万吨煤，排放 675 万吨 CO_2、5 万吨 SO_2、2.2 万吨氮氧化物和 32 万吨含重金属的灰尘。而同等规模的核电厂每年只消耗 30 吨核燃料，产生 30 吨高放乏燃料和 800 吨中、低放射性废物，不释放有毒气体或其他污染物。

2. 核电技术，迈入国际先列

核能的高效安全利用，离不开核电技术的进步，核电技术起步于 20 世纪中期，迄今已发展至第三代，第四代核电技术尚处于研发阶段。总体而言，核电技术一代比一代安全。

图 2-69 第一代原型反应堆

第一代核电技术：即早期原型反应堆，主要目的是为通过试验示范形式来验证核电在工程实施上的可行性。20 世纪 50 年代中期至 60 年代初，苏联建成 5 兆瓦石墨沸水堆核电厂，美国建成

6万千瓦原型压水堆核电厂，法国建成6万千瓦天然铀石墨气冷堆核电厂，加拿大建成2.5万千瓦天然铀重水堆核电厂，这些核电厂均属于第一代核电厂，最终发现轻水堆（包括压水堆和沸水堆）实用优势明显，轻水堆也因此成为核电发展的主线。第一代核电厂现已退出历史舞台，不再使用。

第二代核电技术：20世纪60年代中期以后投入运行的大部分核电厂是基于第二代核电技术，它实现了商业化、标准化等，包括压水堆、沸水堆和重水堆等，单机组的功率水平在第一代核电技术基础上大幅提高，达到百万千瓦级。在第二代核电技术高速发展期，平均17天就有一座核电厂投入运行，主要原因是在当时石油危机的背景下，人们普遍看好核电。美、苏、日和西欧各国均制定了庞大的核电规划。美国成批建造了50万至110万千瓦的压水堆、沸水堆，并出口其他国家；苏联建造了100万千瓦石墨堆和44万千瓦、100万千瓦VVER型压水堆；日本和法国引进、消化了美国的压水堆、沸水堆技术，其核电发电量均增加了20多倍。1979年美国三哩岛核电厂事故和1986年苏联切尔诺贝利核电厂事故催生了第二代改进型核电厂，其主要特点是增设了氢气控制系统、安全壳泄压装置等，安全性能得到显著提升。

第三代核电技术：是指满足《美国用户要求文件（URD）》或《欧洲用户要求文件（EUR）》，具有更高安全性、更高功率的新一代先进核电厂。比如，URD对新建核电厂的主要要求包括：功率更大（100万至150万千瓦）；寿命更长（由40年延长至60年）；建设周期更短（48至52个月）；经济性更好（造价大幅度降低）；安全性更高。第三代核电厂与第二代核电厂的最大区别在于，事故发生时，第三代核电厂不依赖人为操作或外界系统的干预，而依靠重力、自然循环等自然规律来实现保护功能。第三代核电厂主要堆型包括先进沸水堆（ABWR）、美国先进非能动式压水堆（AP1000）、欧洲压水堆（EPR）、先进压水堆（APWR）、经济简化型沸水堆（ESBWR）和先进压水堆（“华龙一号”和“国和一号”）等。中国已引进 AP1000 等技术，分别在浙江三门和山东海阳开工建造。目前，中国自主研发的三代核电技术“华龙一号”已商运发电。

第四代核电技术：目前仍处于开发阶段，目标是在 2030 年左右投入应用。第四代核电技术有六种设计概念，包括三种快中子堆和三种热中子堆。三种快中子堆分别是带有先进燃料循环的钠冷快堆（SFR）、铅冷快堆（LFR）和气冷快堆（GFR）；三种热中子堆分别是超临界水冷堆（SCWR）、超高温气冷堆（VHTR）和熔盐堆（MSR）。这些设计的目的是要达到大幅减少核废料、更充分利用铀资源、降低核电厂建造和运营成本，以及更好控制核扩散，即保证核技术的和平、安全、绿色利用。

面对核电技术日新月异的更新迭代，中国的核科学家正全身心投入其中，并在熔盐堆、超临界水冷堆、高温气冷堆、实验快堆等方面取得突破性进展，中国的第四代核电技术正逐步迈入国际先列，主要代表如下。

（1）高温气冷堆

中国 60 万千瓦高温气冷堆核电厂技术方案在清华大学发布，该项目建成后将成为国际首个商用高温气冷堆核电厂。标志着中国高温气冷堆技术达到国际领先水平。那么，高温气冷堆有何神奇之处？

本次中国的 60 万千瓦高温气冷堆采用 6 个反应堆模块连接 1 台蒸汽机的设计方案，每个反应堆模块热功率为 25 万千瓦，机组的热功率将达到 150 万千瓦，电功率可达 65.5 万千瓦，发电效率 43.7%。

43.7% 的发电效率是什么概念呢?

中国实验快堆发电效率为 38.2%。从中可见，虽然 60 万千瓦高温气冷堆热功率和电功率数据并非首屈一指，但考虑到提高效率的难度非常大，其效率已经很高了，而且高温气冷堆还有进一步提高发电效率的潜力。根据二回路能量转换装置的匹配方式不同，高温气冷堆可以分为三种回路系统：蒸汽循环系统、气体间接循环系统和氦气直接循环系统。目前的 60 万千瓦高温气冷堆方案采用的只是其中热效率最低的蒸汽循环系统，后两种循环系统还能进一步提升机组热效率。除了在发电效率上性能卓越，中国高温气冷堆还具有非常好的固有安全性，共有四道放射性实体屏障：包覆燃料颗粒、石墨燃料元件、一回路压力边界和反应堆建筑物包容体。其核岛厂房不同于压水堆的安全壳，无密封和承压要求。高温气冷堆的燃料元件采用包覆燃料颗粒构成的全陶瓷型球形燃料元件，在 1620℃以下基本可以包容所有裂变产物，完全包容气体裂变产物，同时还有比较完善的衰变热非能动载出系统。由于不会产生燃料大范围损坏、堆芯熔化的严重事故情况，所以 HTR 不专门设置三代轻水堆都有的严重事故管理规程，甚至可以取消厂外应急措施。

除了上述优点，由于高温气冷堆的蒸汽参数与燃煤电厂一致，因此高温气冷堆核电厂的常规岛可以很好地利用我国现有成熟的火电技术和建造能力，具有较好的经济性，并对改变中国以火力发电为主的现状有积极作用。此外，高温气冷堆还能为核能制氢、冶金、化工等领域提供大量的高温工艺热。

（2）实验快堆

快中子增殖堆，简称“快堆”，具有良好的增殖和嬗变特性，基于快堆的先进燃料循环系统可以使铀资源的利用率提高到 60%~70%。我国快堆发展实行“三步走”战略，即实验快堆—示范快堆—商业快堆。

中国实验快堆于 2010 年首次实现临界，2014 年实现满功率运行 72 小时的设计目标。此后在完成了首次大修并进行相关调试试验等工作后，于 2019 年进行了 1320 小时的低功率运行试验研究。

中国实验快堆（CEFR）是快中子增殖堆的简称，是第四代核能系统的优选堆型，快堆可将天然铀资源的利用率从压水堆的 1% 提高到 60%~70%，可充分有效利用我国铀资源，对我国核电持续稳定发展具有重大战略意义。快堆还可以嬗变压水堆产生的长寿命废弃物，使得核能对环境更加友好。我国第一个由快中子引起核裂变反应的中国实验快堆成功实现并网发电。标志着国家“863”计划重大项目目标的全面实现，列入国家中长期科技发展规划前沿技术的快堆技术取得重大突破。这也标志着中国在占领核能技术制高点，建立可持续发展的先进核能系统上跨出了重要的一步。

（3）“人造太阳”，实现不竭动力

20 世纪以来，伴随着世界科技与经济的高速发展，能源消耗不断增加，环境问题日益突出。能源危机成为制约人类未来发展的重大威胁之一。找到替代化石燃料的新能源成为人类的共同目标。21 世纪，一个被称为“人造太阳”的装置，正在托起永久性清洁能源的梦想。它为何会被称为“人造太阳”呢?

太阳，每天升起，周而复始，就像一个巨大的火球，已经燃烧了 50 亿年，始终闪耀着灿烂夺目的光芒，太阳的能量来自内部核聚变。太阳上最轻的元素“氢”的原子核在极高温极高压下，发生源源不断的聚变反应，放出了大量的能量。太阳就是一个巨大的反应器，在太阳里面有两种氢元素的同位素，这两种元素可以相互结合释放巨大能量照亮整个太阳系。

核聚变能几乎就是人类梦寐以求的终极能源。1952 年采用核聚变原理制造的氢弹第一次爆炸，科学家们开始思考，如何在地球上实现可控的核聚变反应，并把产生的惊人能量转变为电能来供人类使用。“人造太阳”之梦，由此开始。

在宏观世界里，物质的质量是守恒的，但在微观世界里，物质的质量不守恒，一个大的原子核分裂成两个小的原子核时质量会发生变化，失去的质量被转换成能量释放出来，这就是原子能。一个大的原子核分裂成两个小的原子核叫裂变。而两个小的原子核聚合在一起叫聚变，不是所有小的原子核都可以聚在一起释放能量。核聚变燃料使用的是氢的同位素氘和氚，氘、氚原子都是由原子核和绕核运动的电子组成，不同的是，氘的原子核中有一个质子和一个中子，而氚的原子核中有一个质子和两个中子，在发生核聚变时，原子核互相碰撞，聚合成一个质量更重的原子核，同时释放出巨大的能量，产生超高的温度，虽然这并不能直接产生电流，但热能却可以通过一定的方式转变为电能，相比核裂变发电，容易引发放射性污染问题，核聚变不仅环境问题少很多，而且释放能量更大。燃料氘可以从海水中直接提取，氚也可以通过人工制备获得，它们在地球上的来源充足。

这个梦持续到现在，在中国有了突破——东方超环，我国自主设计制造的世界首个全超导托卡马克核聚变实验装置，英文名为 EAST。所谓“托卡马克”就是一种利用磁约束来实现可控核聚变的环形容器，这正是“东方超环”的本质。

太阳之所以可以发生核聚变反应，是因为太阳的核心温度可达 1500 万摄氏度，内部有着惊人的压强。地球上无法获得和太阳一样的环境，要想发生核聚变，只能够通过超高温来弥补，但是需要上亿摄氏度才可以，如此之高的温度，没有任何一种固体材料能够承受，只能靠强大的磁场来约束，这就是磁约束核聚变。

正因如此，“托卡马克”并不是一个能够发电的核聚变电厂，而是人们为了探索核聚变原理，建立的实验装置。“东方超环”装置主机高11米，直径为8米，重400吨，由超高真空室、纵场线圈、极向场线圈、内外冷屏、外真空杜瓦、支撑系统六大部件组成。在它的四周，布满了大大小小的辅助加热、诊断、抽气和冷却子系统，这些复杂的系统，构成了进行核聚变反应所需要的硬件条件。但是，想要实现可控核聚变所要求的条件，可谓困难重重。首先，怎样才能达到上亿摄氏度的超高温呢？在“东方超环”的实验装置上主要有几种加热方式，一种是加速器，把粒子加速到非常高的能量，然后让它与等离子体发生碰撞，把能量交给等离子体进行加热，另一方面，用非常高功率射频波，就像家里厨房用的微波炉，利用这种加热方式，把等离子体加热到上亿摄氏度的高温。在装置的真空室内聚变燃料氘氚呈现等离子态。如同在超高温下燃烧一般，只有超高温还不行，还需要维持足够长时间的超高温确保氘核氚核能够高速运动，另外，科学家还要想尽一切办法，让原子核“赛车”不要脱离跑道，这可不是一条普通的跑道，等离子体是一种带电粒子流，有着上亿摄氏度的高温，地球上没有任何材料可以承受这样的高温，聪明的科学家想出了一个办法。

“东方超环”的纵场线圈，极向线圈均是超导磁体，因此称为全超导。这种材料在超导状态下具有零电阻和完全抗磁性的特征，它所产生的强磁场可以作为磁封闭体，将超高温等离子体包围、约束起来。大家知道这个带电粒子，遇到磁场就做回旋运动，所以做成一个环形的磁场结构，使得这个粒子，能够被磁场结构约束在一个有限的空间里，避免和装置的器壁直接发生相互作用。聚变研究的最终目的，是要实现可控的持续的核聚变反应，把能量从磁笼子里释放出来用于发电，这就是“东方超环”所要攻克的难题。它对实验装置提出了极高的要求，如果约束的时间很短，只能暂时地获得聚变功率而不能延续这种“燃烧”的状况，所以这样一个复杂的装置，可以想象，各方面的挑战是极大的。

大半个世纪以来，全世界已经建立了上百个托卡马克实验装置，而“东方超环”作为世界首个全超导托卡马克装置，学科涉及面广，技术难度大，许多关键技术在国际上尚无经验借鉴，它的建成具有十分重大的科学意义，使我国磁约束核聚变研究进入世界前沿。科学技术的发展，从来不是一蹴而就的，它需要一代人一代人的接力。

“东方超环”的探索，每一步都充满了艰难、挑战和创新，凝聚了几代核聚变人的心血和智慧，自 2006 年建成后，“东方超环”瞄准未来，聚变能商用目标的关键科学问题，在核聚变领域取得了一个又一个重大创新突破。2017 年，实现 101.2 秒稳态长脉冲高约束等离子体运行，创造了里程碑式的世界纪录；2018 年，科学家们在经过大量的实验和精细化的调整之后，“东方超环”等离子体中心电子温度首次达到一亿摄氏度的超高温，获得的多项实验参数，接近未来聚变堆稳态运行模式所需要的物理条件，朝着未来聚变堆实验运行迈出了关键一步；2020 年 12 月 4 日，中国环流器二号 M 装置（HL-2M）在成都正式建成，并实现了首次放电。高约束运行模式是未来国际热核实验堆 ITER 的基本运行模式，纯粹从科学的角度讲，大致可以验证，高约束运行模式是可以做稳态运行的。历经无数次的实验探索，“东方超环”已成为跻身于世界热核聚变研究前列的重大科学装置，为世界核聚变研究提出了中国方案。

（四）核电科普小知识

1. 核是什么

通常我们说到“核”，会一下子想到两样事物，一个是作为武器的核弹，另一个是用于发电的核电厂。那么它们之间有什么关联，又有什么区别呢？

关联：都会发生核反应，并产生大量的能量，释放出大量的热量。

区别：使用的燃料不一样或者浓度不一样；核反应的类型不一样；发生核反应的剧烈程度不一样；核电厂可控而核弹不可控。

那么核反应过程是怎么样的呢？

根据元素周期表上列出的元素，每一个元素有着一个或更多的核素，有的核素具有放射性，而有的则处于稳定状态。其中一些核素在达到一定条件之后，会变成另外一种核素并伴随着能量的变化，这一过程就叫做核反应过程。

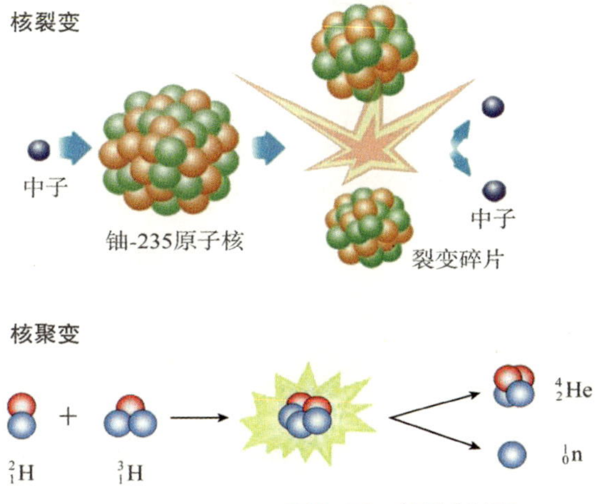

此处有 AR 资源
扫码使用

图 2-70　核裂变过程

2. 核怎么发电

发电可以理解为将其他类型的能量转换为电能的一个过程，例如大家所了解的风电、水电、火电等，分别采用不同的能量形式，将其转化为电能。核电发电的过程同火电相似，简单一点说，就是通过燃料发出的热量来烧水，使用烧开的高温高压的水蒸气来推动汽轮机的转动，最后带动电动机产生电力。区别在于，火电烧的是我们所熟知的煤炭，而核电则使用到了另外的一种燃料——核燃料。

核燃料可以通过发生核反应产生巨大的能量，是各种燃料中具有最高能量密度的燃料。在核电站中，主要使用的核燃料是铀，1 千克铀 -235 完全“燃烧”产生的能量约相当于 2500 吨煤燃烧所释放的能量。因此，使用这种燃料不仅可以极大地降低燃煤的消耗，降低运输的成本，还能减少煤炭的燃烧所带来的碳排放压力，是实现碳中和的有效方法。

那么铀是怎么“燃烧”的呢？铀是一种具有放射性的金属，在一定的条件下，它可以发生核裂变反应，在整个反应过程中释放出大量的能量，并引发下一次的裂变反应，并持续下去，铀就在反应堆内这样“燃烧”下去。

由于铀的“燃烧”过程具有放射性，所以在核电厂中，发电需要有三个回路，来避免具有反射性的物质直接与汽轮机接触。在核电厂中，一回路为核燃料发生反应释放出的巨大能量将一回路中的水加热到 300 多度，然后 300 多度的高温高压水通过热传导，把热量传递到二回路。二回路的水被加热成蒸汽，蒸汽源源不断地产生并推动着汽轮机的运转，最后带动电动机产生电力。三回路通过凝汽器和海水将二回路的蒸汽冷却，蒸汽冷却之后变成水，然后这些水又被输送回去加热成蒸汽。核电厂的三个回路完全隔绝，它们之间通过热传导不停地实现水的循环。

3. 面对雾霾，我们应该如何选择

2013 年，“雾霾”成为年度关键词。这一年的 1 月，四次雾霾过程笼

罩 30 个省（区、市），在北京，仅有 5 天不是雾霾天。雾霾是如何产生的呢？雾霾，是雾和霾的组合词，中国不少地区将雾并入霾一起作为灾害性天气现象进行预警预报，统称为“雾霾天气”。在以燃煤为主的地方，其产生的烟尘、二氧化碳、氮氧化物、二氧化硫等是酸雨和雾霾形成的主要原因，所以减少“雾霾天气”最有效的手段是改变以燃煤为主的能源结构，作为清洁能源的核电，成为我们面对雾霾、改变能源结构的必然选择。

世界能源需求的 69% 来自燃烧煤、石油、天然气等化石燃料。煤和石油等不可再生能源蕴藏量有限，风能、太阳能等可再生能源只能在一定条件下有限开发，很难在短期内实现大规模应用。

与同等规模燃煤电厂相比，6 台百万千瓦核电机组年均发电量 450 亿度相当于降低燃煤消耗约 1440 万吨，如果这些煤用火车一年 365 天不间断地运输，每天需要由 16 列火车运送。一般一节火车皮可运输 50 吨煤，一列火车共有 50 节车厢，全年共需要 29 万节火车皮。与此同时，6 台百万千瓦核电机组年均减排二氧化碳 3553 亿吨，减排二氧化硫 34 万吨，减排氮氧化物约 22 万吨，相当于种植约 10 万公顷森林。

而善用核电，是享受清新空气，驱散害人雾霾的有效手段。

4. 核电厂需要一种特殊的“粮食”

核电厂发电和常规火电站发电不同之处在于，核电厂需要吃一种特殊的“粮食”。这种“粮食”我们称作核燃料。核电厂使用的主要核燃料是铀。

铀是一种稀有的放射性金属元素，核电厂正是利用铀的核裂变链式反应特性，在核裂变的过程中释放出大量的能量，转化成热能和机械能，从而带动汽轮机发电。

那么，这种神奇的“粮食”是如何被发现的呢？其实，科学家们发现新物质的过程很多都是偶然的，并经历的漫长和曲折的过程才利用其特性为人类服务。

1789 年，德国化学家克拉普洛特从沥青矿石里分离出一种“黑色粉末状物质”。他发现了这种物质的极不寻常之处，意识到这可能是一种至今未被人们发现的新元素，他对自己的发现感到兴奋和惊奇。他根据当时的惯例将自己发现的这种神秘的“黑色粉末状物质”命名为铀。那么，200 年前，克拉普罗特发现的这种神奇的“黑色粉末状物质”是如何变成核燃料发电呢?

其实，克拉普罗特发现的这种“黑色粉末物质”还只是铀的氧化物，而非纯铀。第一个真正制得铀的人是法国化学家彼里高利。1841 年，彼里高利首先在实验室里，把无水氯化铀和金属钾混合后置于密封的白金坩埚中加热而制得纯铀。这是一件极危险的工作，坩埚中的化学反应十分激烈，必须在反应一开始便即刻停止加热，否则将发生爆炸，彼里高利干得很出色，他成功地制取了单质铀。

但是，在此后的 102 年间，人们也只是研究了铀的某些重要化合物的化学性质，进行了少量的铀矿开采，并未引起科学界的重视。直到 1890 年以后，一些物理学家才注意和研究了铀的天然荧光现象。1896 年，法国物理学家贝克勒尔发现了铀具有天然放射性，为了纪念他，他的名字被用作了辐射计量的单位。1938 年，德国化学家哈恩和斯特拉斯曼发现了铀核的裂变现象，1942 年意大利物理学家费米等实现了可控、自持的裂变链式反应。

人类了解这种“黑色粉末”的特殊性后，开始利用它为人类服务。1954 年，苏联建成了世界第一座核电厂——奥布灵斯克核电厂。

5. 核电厂会像原子弹一样爆炸吗

绝对不会。核电厂和原子弹有本质的区别，虽然核电厂和原子弹都是以铀为原料，最本质的区别是两者对铀纯度的要求完全不同，原子弹要求铀的纯度在 90% 以上，而核电厂一般只需纯度 3% 左右的铀。正如烈度白酒可以点燃，啤酒却不能点燃的道理一样。

此外，核电厂的核反应是可控的，而原子弹的核反应是不可控制的。

核电厂是不会像原子弹那样爆炸的。核电厂 50 多年的发展史上，从未发生过核爆炸，切尔诺贝利核事故是蒸汽爆炸，日本福岛核事故是氢气爆炸，都不是核爆炸。核电厂不仅不会发生爆炸，而且是非常安全的，核电厂穿着三重“金钟罩、铁布衫”，就像俄罗斯套娃一层套一层，确保不发生放射性物质外泄的事故。就算保护措施全部失灵，也会有最后一关“安全壳”。

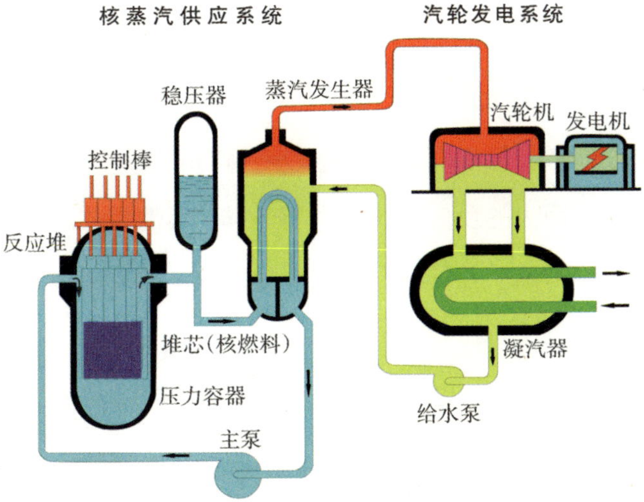

此处有 AR 资源
扫码使用

图 2-71　核电站发电原理图

核电厂选址也十分苛刻，除了要考虑核电厂周围土地和水资源、地质、地形、地震、海洋和陆地水文、气象、人口等历史资料和实际情况外，动用的调查手段也可谓“兴师动众”、上天入地，卫星照相、航空测量、地面测量、地下勘探、大气扩散试验等“十八般武艺”都用上了。核电厂址选择有点像选美，往往是先圈定几个有希望的候选地，在采用“淘汰赛”确定最终胜出者。核电厂址选择条件包括：比较稳定的地质结构，充足的冷却水和淡水供应，稳定的气象环境，与空中、水上航道保持安全距离，靠近电力负荷中心，低人口密度等。

6. 生活在核电厂周围会受到辐射吗？

不会。我们常说的辐射可分为电离辐射（核辐射）和电磁辐射。有人会说，既然电离辐射又叫核辐射，有核电厂的地方可能会有被辐射的风险。

其实在现实生活中，天然辐射无处不在，食物、房屋、天空大地、山川草木，乃至我们自己的身体内都存在着辐射。自古以来，人类就在天然辐射的环境中繁衍生息，每个人每时每刻都受到天然辐射的照射。天然辐射照射也叫本底照射，主要有三个来源。

首先，在人体外，放射性元素也是无处不在的。我们身边的任何物质，都有微量的天然放射性核素，其中以放射性氡的影响为最大。

其次，太阳就是一个巨大的反应堆，和太阳一样，其他星体也都在向外散发着电离辐射。大气会屏蔽一些辐射，所以一般来说，地势越高，受到宇宙射线的照射越强。

最后，人体是由碳、氢、氧、氮、钠、钾、钙、镁等各种元素组成的。人体内的钾元素中有万分之一是钾的放射性同位素钾 -40，这是人体内辐射的最大来源。另外还有碳 -14、碘 -131 等其他放射性元素。这些放射性同位素一刻不停地在人体内衰变，而我们也在一刻不停地吸收着这些辐射。

核电厂在设计、建造和运行时处处都考虑了对核辐射的防护。为了做到万无一失，核电厂还对核辐射进行了严密的监测。在核电厂内部装设有许多监测探头，一旦发生异常，主控室就会发出警报，值班人员就会及时采取应对措施。在核电厂以外的几千米甚至几十千米范围内也都设有辐射监测点进行严密监测。必要时还有监测车、监测船和监测飞机做流动巡回监测，取样分析空气、水、土壤中的放射性浓度以及粮食、牛奶和海产品中的放射性水平。

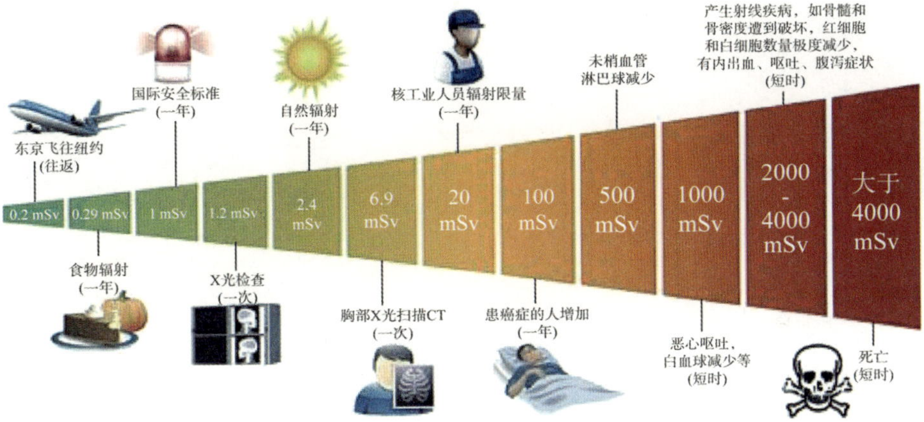

图 2-72　认识辐射

除了核电厂自身，地方环保部门也有环境监测站和在线实时辐射监测系统，国家环保部网站每天公布我国运行核电厂周围的辐射监测数据表明，核电厂运行对周围环境辐射水平尚未造成影响。

7. 核电的未来怎么样

当前，世界能源需求的 69% 来自燃烧煤、石油、天然气等化石燃料。煤和石油等不可再生能源蕴藏量有限，风能、太阳能等可再生能源只能在一定条件下有限开发，很难在短期内实现大规模应用。而且与同等规模燃煤电站相比，6 台百万千瓦核电机组年均发电量 450 亿度相当于降低燃煤消耗约 1440 万吨，能量蕴藏丰富。且核电作为清洁能源，可以改变以燃煤为主的能源结构，减少烟尘、二氧化碳、氮氧化物、二氧化硫的排放，还我们更蓝的天空、更清澈的空气、更美的城市。

中国核电之路，未来可期！

第三篇

终极能源，助民族复兴

中国是世界上少数几个拥有核武器、拥有完整核科技工业产业链的国家之一。中国核工业的发展走出了一条富有特色的道路。

在核武器研制方面，从原子弹到氢弹，美国用了 7 年零 4 个月，苏联用了 4 年，英国用了 4 年零 7 个月，法国用了 8 年零 6 个月，中国只用了 2 年零 8 个月，成为世界上发展最快的国家；就第一颗原子弹核装料来看，苏联、英国、法国和美国的“胖子”均为钚装料，唯有美国的“小男孩”与中国用的是铀装料。在中国第一颗氢弹成功爆炸以后，有国际舆论就认为，中国“氢弹制造一开始就选准独特的技术路线”，认为中国已进入世界核先进国家行列。

在核试验数量与质量方面，中国共进行了 45 次核试验，仅占世界各国核试验次数的 2%，就达到美国 1056 次、苏联 715 次核试验的水平。中国以极其有限的核试验次数，取得举世瞩目的成就，具有很高的成功率和效费比。

在核电厂建造方面，运行核电机组跻身世界前列，在建核电机组名列世界第一。“华龙一号”的研制成功，使中国成为世界上少数几个拥有完全自主知识产权核电技术的国家之一，中国正稳步由核电大国向核电强国迈进。

当今世界正面临百年未有之大变局，这场大变局是关乎中华民族和全人类的前途命运，它是过去历史变局的结果，同时也是中华民族伟大复兴的冲刺点，面向世界和未来的中国核工业，使命光荣而艰巨。

显示中国力量，为遏制战争、维护世界和平不懈努力。当今的国际形势波诡云谲，新冠肺炎疫情肆虐全球，大国竞争持续角力，世界格局加速调整，地区热点此伏彼起，全域安全风险并行上升，国际军事斗争与安全形势进入深度动荡变革期。美国把中俄视为战略对手，在“美国优先”“美国第一”政策的引导下，推行“全政府对华战略”，按照既定的《国防战略》《印太战略》等一系列战略计划，加速布局，极力阻挠和打压中国，强化非法的美台合作关系，加强南海地区的军事活动，强化与盟友伙伴合作，企图打造遏华联盟。在大国战略竞争加剧的背景下，核力量作用更加突出。2013 年后，美国重新定位核武器作用，拓展核武器使用范围，降低核武器使用门槛，全面加强核武库建设，并抓紧部署低当量核武器，先后退出《中导条约》和《开放天空条约》，设法摆脱限制，为自己松绑，保持自己的核优势，给整个世界军控体系带来不确定因素。2020 年年初，美国宣布已在“俄亥俄”级战略核潜艇上部署 W76-2 低当量潜射导弹核弹头，标志着美国核武器使用门槛进一步降低。俄罗斯持续加强核战略能力，继搭载“波塞冬”核动力无人潜航器的特种核潜艇首艇“别尔哥罗德”号服役后，“哈巴罗夫斯克”号也下水，两艘新型核潜艇可以各携带 6 个“波塞冬”核动力无人潜航器。2020 年 12 月 12 日，俄罗斯太平洋舰队战略核潜艇接连发射 4 枚“布拉瓦”潜射洲际弹道导弹，表明该型导弹具备作战能力。

在新的战略态势下，中国核工业担负着保持我国核大国地位，完成国家战略使命的重大使命。中国核工业将继续加强核科研能力建设，积蓄强核强军的持久动能，在任何情况下确保中国自卫核威慑能力的有效性，继续为捍卫国家安全和统一，为维护世界和平发挥重要作用。

担当大国责任，为建设清洁美丽世界持续发力。核电在应对全球气候变化，减少碳排放中将稳定发挥作用。2015 年巴黎气候大会召开，全球 195 个缔约国通过了《联合国气候变化框架公约》，这无疑给我国依靠煤为主要能源的发展模式提出严峻挑战，对未来发展增加了压力。2020 年 9 月，国家主席习近平宣布，中国将提高国家自主贡献力度，采取有力政策和措施，力争2030年前二氧化碳排放达到峰值，努力争取2060年前实现碳中和。2020年12月12日习近平主席在气候雄心峰会上进一步宣布：到2030年，中国单位国内生产总值二氧化碳排放将比2005年下降65%以上。中国为应对气候变化《巴黎协定》作出贡献，兑现对国际社会的承诺，核电作为一种清洁高效的能源，其作用必不可少。目前，G20国家中，有15个都在使用核电，还有4个国家正计划发展核电。截至2020年9月，中国运行核电机组共有49台（不含中国台湾地区），装机容量为5102.716万千瓦，仅次于美国、法国，位列全球第三。在建核电机组容量上，中国保持全球第一。中国核电的发展，将对调整优化能源结构，减缓全球温室效应，减少环境污染，实现经济和生态环境协调发展作出自己的贡献。

第三代核电技术将成为中国未来核电发展主流，并按照热堆—快堆—聚变堆三步发展途径，在热功率6.5万千瓦、电功率2万千瓦的中国实验快堆已经建成的基础上，电功率约60万千瓦的原型快堆，电功率100万~150万千瓦的商用验证堆将于不远的将来运行。中国在磁约束聚变和惯性约束聚变等研究方面可望取得新的进步和较大突破，将为核聚变能的和平利用，从根本上解决人类能源问题贡献智慧和力量。

中国在核能利用的其他方面，具有广阔的发展空间。核动力应用领域将进一步扩展，包括在核航母、核潜艇、核动力商船、核动力火箭、太空核动力方面的开发。非动力应用方面，在海水淡化、低温供热、同位素及辐照技术等的探索与实际应用前景将更加广阔。

履行大国义务，为构建全球核安全命运共同体提供中国方案。核安全和核恐怖主义威胁是当今国际社会普遍关心的问题，加强各国间在核安全和核安保领域的合作已成为普遍共识。自2010年以来，国际社会先后召开四届全球核安全峰会，我国最高领导人连续出席了这四届峰会，向世界传达了中国加强核安全、打击核恐怖主义的坚定立场。习近平总书记在 2014 年第三届海牙全球核安全峰会上，首倡“理性、协调、并进”的核安全观，提出了“发展和安全并重、权利和义务并重、自主和协作并重、治标和治本并重”的“四个并重”发展理念，主张构建一个公平、合作、共赢的国际核安保体系，在全球引起强烈反响。在 2016 年第四届华盛顿全球核安全峰会上，习近平总书记提出了强化政治投入，把握标本兼治方向；强化国家责任，构筑严密持久防线；强化国际合作，推动协调并进势头；强化核安全文化，营造共建共享氛围，既向国际社会传达了我国持续加强核安全工作的“最强音”，同时也向世界各国提出了共同消除核恐怖主义和核扩散的“中国方案”。

中国核工业自创建以来，高度重视核安全和核安保，坚持完善法律法规体系，强化全过程核安全监管，持续提升核设施本质安全度，不断提高核安保技术能力和管理水平，保持了核设施安全运行和核材料“一件不丢，一克不失”的良好纪录，为我国核工业的安全高效发展提供了有力保障，为维护全球核安全和防范及应对核恐怖主义威胁做出了贡献。核安全和核安保无国界，加强核安全、应对核恐怖主义是世界各国的共同责任。中国作为合法持有核武器国家和世界核能发展大国，将持续深化与国际原子能机构以及世界各国的合作与交流，积极参与核安全全球治理以及国际规则制定，全面履行负责任大国的义务，为全球核安全命运共同体的构建贡献中国核工业的力量和智慧。

中国核工业人将继续发扬“两弹一星”精神和“四个一切”核工业精神，不忘初心，牢记使命，为强国强军、为中华民族伟大复兴作出新的更大贡献。

参考文献

[1] 李觉，等 . 当代中国的核工业 [M] . 北京：中国社会科学出版社，1987.

[2] 王寿君，余剑锋，孙勤等 . 中国核工业集团公司发展史 [M] . 北京：中国原子能出版社，2018.

[3] 逄先知，等 . 毛泽东年谱 (1949—1976) [M] . 北京：中央文献研究室，2013.

[4] 中央党史研究室 . 中国共产党的九十年 [M] . 北京：中共党史出版社，2016.

[5] 中共中央委员会 . 关于若干历史问题的决议 [M] . 北京：中共党史出版社，2021.

[6] 中国社会科学院当代中国研究所 . 新中国 70 年 [M] . 北京：当代中国出版社，2019.

[7] 毛泽东 . 毛泽东选集 (1—4 卷) [M] . 北京：人民出版社，1991.

[8] 中共中央党史和文献研究院 . 中华人民共和国大事记 (1949 年 10 月—2019 年 9 月) [M] . 北京：人民出版社，2019.

[9] 连培生 . 原子能工业 [M] .2 版 . 北京：原子能出版社，2002.

[10] 钱绍钧 . 核武器装备 [M] . 北京：原子能出版社，2003.

[11] 李植举 . 中国核盾牌 [M] . 北京：中国原子能出版社，2019.

[12] 李鹰翔 . “两弹一艇”那些事 [M] .2 版 . 北京：中国原子能出

版社，2017.

[13] 杨连新 . 见证中国核潜艇 [M] . 北京：海洋出版社，2013.

[14] 郑庆云 . 中国核工业发展历程和创业精神 [M] . 北京：中国原子能出版社，2015.

[15] 孙勤 . 浴火重生 [M] . 北京：中国原子能出版社，2015.

[16] 郭勇，王朋，马娜 . 大国匠心——赵仁恺传 [M] . 北京：中国原子能出版社，2017.

[17] 王敬东，朱向军 . 华龙腾飞 [M] . 北京 : 中国原子能出版社，2020.

[18] 陈国才 . 华龙之路 [M] . 北京 : 中国原子能出版社，2020.

[19] 左跃，高飞，程开喜等 . 中国核电科普手册 [M] . 北京 : 中国原子能出版社，2017.

[20] 万宝年，张晓东，宋云涛等 . 人造太阳 [M] . 杭州 : 浙江教育出版社，2017.

[21] 万钢，王丛林，周定文等 . 国之重器：第三代先进核电“华龙一号”核心技术研发始末 [M] . 北京 : 人民出版社，2021.

[22] 叶奇蓁，侯惠群，何小剑等 . 为什么要发展核电 [M] . 北京 : 中国原子能出版社，2014.